AF390106

M. DUNCAN

LA PÊCHE A LA LIGNE

EN MER

OUVRAGE ORNÉ DE 36 GRAVURES

MAISON DIDOT

FIRMIN-DIDOT ET Cⁱᵉ, ÉDITEURS

IMPRIMEURS DE L'INSTITUT, 56, RUE JACOB

PARIS

LA PÊCHE A LA LIGNE

EN MER

TYPOGRAPHIE FIRMIN-DIDOT ET Cie. — MESNIL (EURE).

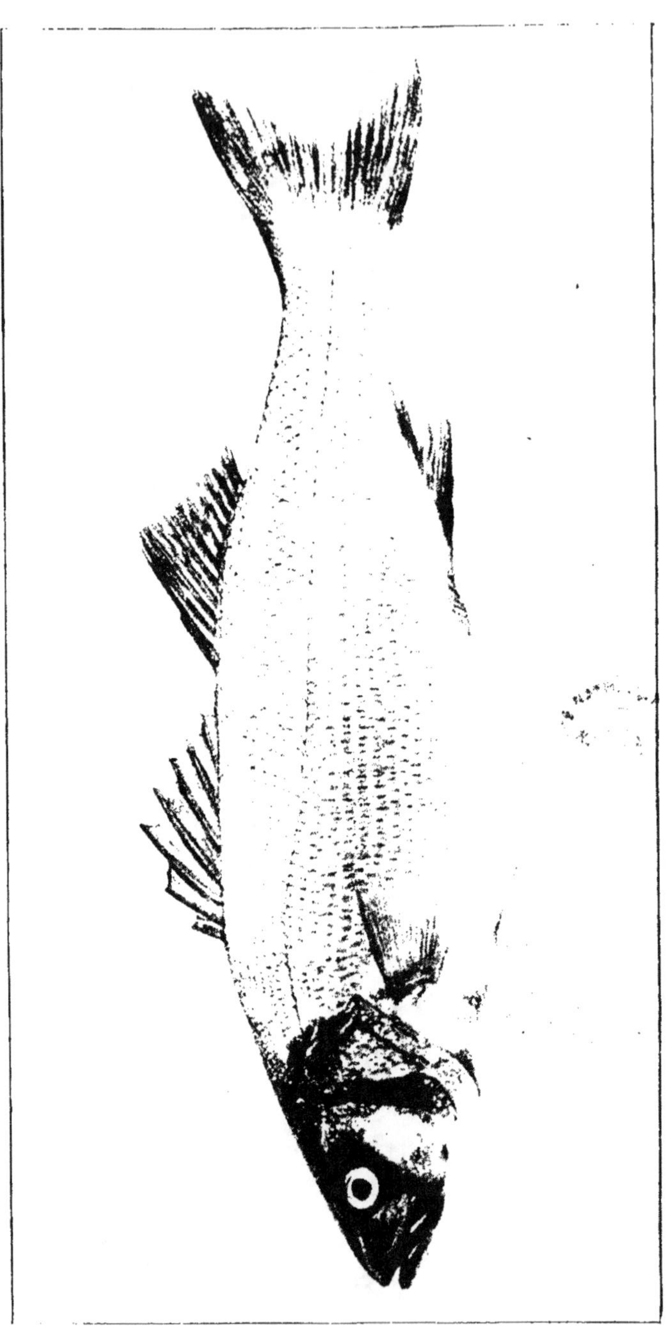

Le Bar (*Labrax lupus*).

M. DUNCAN

LA PÊCHE A LA LIGNE

EN MER

OUVRAGE ORNÉ DE 86 GRAVURES

MAISON DIDOT

FIRMIN-DIDOT ET Cⁱᵉ, ÉDITEURS

IMPRIMEURS DE L'INSTITUT, 56, RUE JACOB

PARIS

INDEX

LA PÈCHE

A LA LIGNE EN MER

CHAPITRE PREMIER

La pêche en mer n'est considérée comme un art, que depuis peu d'années seulement. A ceux qui veulent la pratiquer avec succès, elle demande une confiance absolue en soi-même, une grande puissance d'observation, et une patience sans bornes.

Nous disons un art: le mot n'est pas trop fort!

Car, il serait impossible de réduire au niveau d'une science exacte une occupation qui demande à l'amateur une connaissance profonde et étendue des phénomènes naturels et de la biologie maritime, tout en présentant à ses facultés de déduction mentale et de ses forces physiques un champ illimité.

Ceux pour qui la pêche est leur gagne-pain journalier, et qui, à cause de cela, tiennent au métier, ont pour eux l'expérience de plusieurs générations, transmise par tradition. Ceux qui font de la pêche une distraction agréable, ne peuvent acquérir les connaissances nécessaires, pour avoir du succès, qu'en étudiant par eux-mêmes les mœurs et les habitudes des poissons.

Le but de ce livre est donc d'offrir au lecteur un aperçu des différentes méthodes de pêche, et de leur faire connaître les moyens pratiques par lesquels on peut espérer de pêcher avec succès. Cela leur évitera une perte d'argent et de temps, qu'ils emploieraient en inutiles achats d'instruments, et en investigations sans profit.

Pendant les mois des grandes chaleurs, nos stations balnéaires sont remplies de visiteurs qui, après avoir épuisé les attractions de toutes sortes que peuvent offrir les environs, ne savent plus comment occuper leurs loisirs. C'est alors que la pêche s'offre à eux comme une occupation agréable et profitable.

Alors, neuf fois sur dix, l'insuccès doit être attribué au mauvais choix des amorces, et à l'instrument mal approprié. Très peu de personnes qui pêchent au bord de la mer savent que les hameçons et les lignes doivent convenir au genre de poisson qu'elles veulent prendre.

Une idée généralement répandue fait croire que l'on peut prendre du poisson de mer avec n'importe quel instrument; tandis qu'au contraire il est bien établi que le succès est en raison directe du choix judicieux des lignes et des hameçons, ainsi que des amorces dont les habitués de la localité font usage.

Nous n'avons nullement l'intention de montrer la supériorité de la pêche en mer sur celle des lacs et des rivières; néanmoins, il est nécessaire de faire voir les avantages qu'offre la pêche en mer à ceux qui désirent être renseignés d'une manière certaine sur la nature des produits qu'elle renferme.

Si nous traitons la question au point de vue économique, l'équipement du pêcheur de mer est simple, et ne peut pas se comparer avec le grand nombre d'instruments nécessaires au pêcheur de rivière.

Une fois pourvu d'une bonne gaule, l'amateur peut ensuite, sans grande dépense, se procurer les lignes, les mouches, les amorces. Avec un peu d'habileté dans les doigts, on peut se confectionner les pièces dont on a besoin.

Une autre considération importante, c'est la quantité inépuisable de poisson qui se trouve dans la mer.

Comme le nombre de pêcheurs ne fait qu'augmenter tous les jours, il n'est pas douteux, qu'avec le temps, nos rivières seront entièrement dépeuplées, à moins qu'on ne trouve moyen de mettre un arrêt à cet épuisement progressif.

Dès que les pêcheurs auront compris que la mer offre des ressources infinies et assurées, le nombre de pêcheurs d'eau douce diminuera sensiblement, et aussitôt une nouvelle exploitation commencera.

Au point de vue hygiénique, mieux vaut passer les vacances au bord de la mer, parmi les rochers et les falaises que de rester assis au bord d'une rivière, dans l'humidité qui s'en émane, et qui souvent occasionne une sorte de *malaria*. Ramer, pêcher à la mouche, sont des exercices qui profitent, non seulement aux bras, mais à tout le corps, et répandent une influence salutaire sur tout l'organisme.

C'est une erreur de croire que les poissons de mer sont moins vigoureux, et qu'ils se défendent avec moins de force que leurs congénères d'eau douce.

Il est vrai que le saumon et la truite n'ont pas leurs pareils; ils se défendent avec acharnement et sont difficiles à capturer. A ce moment, il s'agit de savoir si la ligne cassera, et si la proie s'en ira avec l'hameçon. Mais si, après une lutte d'un quart d'heure, contre un bar ou un mulet de 10 livres, le poisson est bien dans les mains du pêcheur, ce dernier pourra se féliciter de son adresse et de la solidité de son instrument.

Si, au contraire, la proie lui a échappé, il doit prendre son malheur en patience, et espérer qu'une autre fois il aura plus de chance. C'est là le bon côté de la pêche. Elle apprend à l'homme que, si un jour il n'est pas heureux, le jour suivant la chance tournera en sa faveur.

Tout pêcheur doit être pourvu d'une bonne dose de patience et d'un caractère tenace, afin de savoir supporter les mille contrariétés et déceptions qu'il est exposé à éprouver, et contre lesquelles il ne peut rien; la mauvaise humeur ne ferait que l'aigrir davantage.

Un jour les éléments semblent se liguer avec les habitants des eaux, pour faire échouer les plans les plus savamment combinés. Mais, comme on ne peut rien contre un pareil contre-temps, il faut savoir prendre la chose en philosophe. Il en serait autrement s'il s'agissait de la rupture de la gaule, de la perte des mouches, du manque d'amorces. Ces petits accidents ne pourraient être imputés qu'au manque seul de précautions suffisantes.

Un pêcheur soigneux ne mettra pas ensemble tout son arsenal de pêche; il tiendra à part une réserve d'outils et de provisions, afin d'y avoir recours en cas de besoin. Cette simple précaution lui évitera bien des ennuis et de vifs désappointements.

On ne doit pas s'arrêter longtemps sur le choix du

costume. Car, pour aller sur les galets, pour grimper sur les rochers ou sur les jetées, la première condition est l'épaisseur et la solidité du vêtement. Pour ce qui concerne les culottes ou les pantalons, ils doivent avoir de l'ampleur, afin que le pêcheur puisse les retrousser au-dessus du genou; car, au moment où la mer est basse, il faut pouvoir patauger dans les flaques d'eau.

Le veston doit être large, et avoir beaucoup de poches. Il faut garnir de liège les parements des manches, afin d'y pouvoir piquer des hameçons; on les y attache alors aisément lorsque le froid vous empêche de les placer dans l'endroit qui leur convient.

Chacun connaît l'excellence du poisson de mer, tant au point de vue gastronomique, que sous le rapport des différentes préparations pour la table.

Quoique l'on ait souvent dit que ce n'est pas le chasseur qui mange le gibier qu'il a pris, pour en juger, nous devons distinguer entre l'homme qui chasse ou pêche en sportsman, et celui qui fait son gagne-pain de cette occupation.

Le pêcheur maritime doit savoir que c'est souvent parmi les travailleurs de la mer que l'on trouve les types d'hommes les plus braves et les caractères les plus nobles. Que si les fermiers des pêches fluviales les éloignent de ces pêches paisibles, il leur est toujours permis d'affronter les vagues de l'Océan. la mer n'est à personne, et la moisson qu'elle produit s'offre à tout le monde.

En terminant cette introduction, nous ferons remarquer au lecteur, qu'avant de se mettre en mer, on doit avoir les connaissances au moins rudimentaires du maniement d'un bateau, en cas de mauvais temps. De plus, personne ne doit aller sur l'eau sans savoir nager, car, en mer, les accidents arrivent au moment où l'on s'y attend le moins. Chaque année, nous avons à déplorer des catastrophes à la suite de chavirements de bateaux.

Pour le moment, nous allons étudier l'anatomie, les usages et les coutumes du poisson de mer en général.

CHAPITRE II

En raison de la nature de l'élément qu'ils habitent. l'étude des poissons et de leurs migrations présente de grandes difficultés; l'identité même de quelques espèces les plus communes est encore plongée dans les plus profondes ténèbres.

Ainsi, peu de naturalistes sont d'accord sur les différentes définitions de la truite saumonée. et ce n'est que dans les dernières années que l'on a trouvé que le *pilchard* du Cornouaille n'était autre chose que la sardine des côtes de Bretagne. La légère différence de taille, entre l'une et l'autre, ne provient que de la différence d'une année. Nous pourrions citer d'autres exemples à l'appui, comme preuves des difficultés contre lesquelles ont dû lutter les biologistes, qui s'occupèrent des êtres qui peuplent la mer.

Il est bon, cependant, de faire remarquer que depuis plusieurs années on a installé, sur différents points du littoral, des établissements de pisciculture et des laboratoires, qui sont d'un grand secours pour l'agrandissement du cercle des connaissances concernant la nourriture, l'élevage et la multiplication des êtres sous-marins.

Ces institutions ont été fondées, soit par les gouvernements des pays dans lesquels ils sont situés, soit par des sociétés particulières, au moyen de souscriptions et de dons. Leur but est d'étudier de quelle façon la pêche du poisson peut se faire, dans les meilleures conditions possibles. Non seulement on s'y occupe de l'étude des poissons, mais encore des mollusques, des crustacés, et des annélides qui peuvent servir d'amorces et dont l'approvisionnement constamment renouvelé est d'une importance capitale.

La forme d'un poisson est trop connue pour que nous nous y arrétions, mais il est bon de faire remarquer qu'en étudiant sa conformation extérieure, on peut connaître facilement ses mœurs, et les endroits où il se tient.

Le maquereau, par exemple, nous montre, par sa forme, qu'il est apte à poursuivre entre deux eaux, les petits poissons, dont il fait sa nourriture habituelle. Son corps rond et ferme, sa queue et ses nageoires puissantes, montrent que c'est un poisson qui vit à la surface de l'eau, et que l'on trouvera rarement cherchant sa proie dans les eaux profondes.

Le rouget, d'un autre côté, ne se nourrit que de petits animaux se trouvant dans le sable ou dans les herbes marines, comme les crevettes, les crabes, et les coquillages; il n'a donc pas besoin de dépenser une grande force pour les capturer. — Sa grosse tête et sa petite queue, sont des signes certains d'une lente locomotion; sa bouche qui est au même niveau que son estomac, démontre que sa nourriture se compose plutôt des animaux qui rampent, que de ceux qui nagent.

En outre, si on considère les espèces qui habitent le voisinage des rochers, on trouve qu'elles sont caractérisées par un corps court et trapu, et de fortes mâchoires, ce qui leur permet de saisir les actinies, les coquillages et autres êtres marins, qui trouvent un abri dans les trous et fissures. Dans cette catégorie, nous trouvons comme particulièrement typiques la brème de mer, le labre et la dorade. Le congre et la loche de mer nous fournissent, au contraire, l'exemple de poissons qui vivent dans les cavités situées entre les rochers, ce qui leur donne une protection plus grande que celle qui leur est accordée par la nature.

S'il fallait détailler minutieusement ce qui compose la nourriture d'un poisson, cela présenterait de grandes difficultés, car tout leur sert d'aliments; en un mot, ils sont omnivores. Rien ne semble trop dur pour leur digestion. Prenez un bar, par exemple, et regardez attentivement l'intérieur de son estomac, vous serez étonné de l'immense variété des mets qui composent les menus de ses repas.

Un pareil examen sera du plus grand intérêt, car il sera possible par ce moyen de recueillir intacts des spécimens de coquilles rares, empruntés aux profondeurs de la mer, et de les obtenir avant que les progrès de la digestion aient détérioré leurs beautés et leurs délicatesses. On y trouvera aussi très probablement des résidus de coquillages, de crabes, de crevettes, de petits poissons, de vers, bref, tous les détritus de matières animales qui se trouvent sur la route de notre habitant des mers.

Les poissons qui vivent par bandes ne restent que fort peu de temps aux mêmes endroits, et leur séjour est sujet à des déplacements périodiques. Ces migrations en général sont influencées par les changements de saisons, et plus particulièrement par les changements de temps, mais tous les poissons ne les éprouvent pas au même degré. Le départ ou l'arrivée de ces bandes dépendront, et cela est souvent le cas, de l'abaissement ou de l'élévation de la température. D'un autre côté, il est bon de faire remarquer que l'époque du frai a la plus grande influence sur ces migrations.

Quand la saison du frai est connue, on n'a plus qu'à attendre l'arrivée du poisson, que l'on désire prendre, sans oublier, cependant, que le beau temps rendra leur arrivée plus prochaine, tandis que le mauvais temps, les vents froids, et l'absence de soleil seront des motifs de retard. L'arrivée d'une bande de poissons est indiquée par une certaine agitation, qui se produit à la surface de l'eau. Elle est due à la poursuite de tout petits poissons, qui se meuvent toujours en quantité innombrable dans le voisinage des côtes, précédant les poissons plus grands, et dont les oiseaux de mer font également leur proie.

Si, à ce moment ces oiseaux rasent la surface de l'eau, et qu'ils y plongent constamment, ceci nous prouve que le poisson n'est pas à une grande distance.

Dans ce chapitre, nous allons nous occuper des poissons collectivement, et nous nous proposons de montrer comment les naturalistes de nos jours les ont arrangés par groupes, selon leurs caractéristiques. Nous exposerons ultérieurement, dans des chapitres spéciaux, les traits particuliers à chaque individualité.

L'étude de la nature, des mœurs, et de l'anatomie des poissons de mer, date de la même époque que l'art de les capturer. Ce n'est qu'au temps d'Aristote que nous pouvons retrouver des recherches complètes et coordonnées. Nous ne pouvons qu'être grandement surpris de l'exactitude de ses observations, si nous considérons dans quel état primitif étaient les sources où il pouvait puiser des renseignements. L'étendue de ses connaissances était naturellement limitée, mais cependant comprenait environ cent espèces, qu'il avait étudiées aussi minutieusement que le lui permettaient les circonstances. Ce n'est, que beaucoup plus tard, que des hommes tels que Belon, Salviani, Rondelet et leurs disciples, jetèrent la base de l'ichtyologie moderne. Leurs successeurs immédiats Ray, Willughby et Artedi, inaugurèrent le système actuel de classification, développé ensuite par Linné, Lacépède, Bloch et Cuvier et mise en formules définitives par Müller. Ces formules furent modifiées et perfectionnées, dans ces dernières années par le Dr Albert Günther, qui est, croyons nous, le plus grand ichtyologiste de nos jours. — Nous allons donner quelques explications sur l'établissement de son système.

Il a classé les différents genres de poissons en quatre divisions qui sont :

     1° Palaeichthys;

     2° Teleostei;

     3° Cyclostomata;

     4° Leptocardii.

Tous les poissons rangés dans la première division font partie du « type ancien » ou paléozoïque : ils ont un squelette cartilagineux et mou, et présentent certaines particularités dans le cœur et les organes digestifs. Nous donnerons comme exemples : les requins, les raies, et les esturgeons.

La seconde division est représentée par les poissons du type moderne, dont le squelette est formé de vertèbres séparées. A l'exception de la lamproie et de l'Amphioxus, qui sont rangés dans la troisième et quatrième division, tous les autres poissons connus, font partie de la deuxième division; et il est à noter qu'ils sont presque tous propres à la nourriture des hommes. Dans le tableau que nous présentons ici nous donnons les noms scientifiques de chaque variété selon la classification de Günther; ce système repose sur des bases naturelles, et à notre avis mérite la première place.

Linné fait observer que les poissons dont les nageoires ventrales sont placées devant, dessous, ou derrière les nageoires pectorales, ont encore d'autres caractères communs. C'est ce qui l'a conduit à faire des divisions telles que *Pisces jugulares*, *Pisces thoracici*, *Pisces abdominales*.

Agassiz, d'un autre côté, basant son système sur la nature des écailles, divise les différentes classes en Placoïdes. Ganoïdes. Cténoïdes et Cycloïdes. C'est ainsi qu'il a placé dans la classe des Cténoïdes, la sole et la perche, ce qui est une absurdité si l'on compare ces deux sujets entre eux.

L'ichtyologie est une science qui ne peut pas être apprise dans les livres seulement. Elle est ouverte à tout le monde, et chacun peut l'apprendre en faisant des observations et des expériences personnelles, ce qui est un charme de plus, dans ce genre de sport.

En visitant les aquariums qui existent dans les différentes stations maritimes, on pourra recueillir de nombreuses observations. On y verra les poissons dont nous avons parlé plus haut. dans toute leur beauté naturelle, et leurs magnifiques couleurs, tels que le rouget ou le labre qui méritent bien leurs surnoms de « papillons de l'Océan ».

Un point très important, et dont on devra prendre bonne note, c'est la manière dont chaque poisson saisit sa proie, afin d'utiliser cette observation au moment de se livrer à la pêche.

Les uns prennent leur proie à pleine bouche, tandis

A. LEPTOCARDII.

BRANCHIOSTOMATA.

Amphioxus.
Amphioxus.

TION

R EUROPEENS

HER)

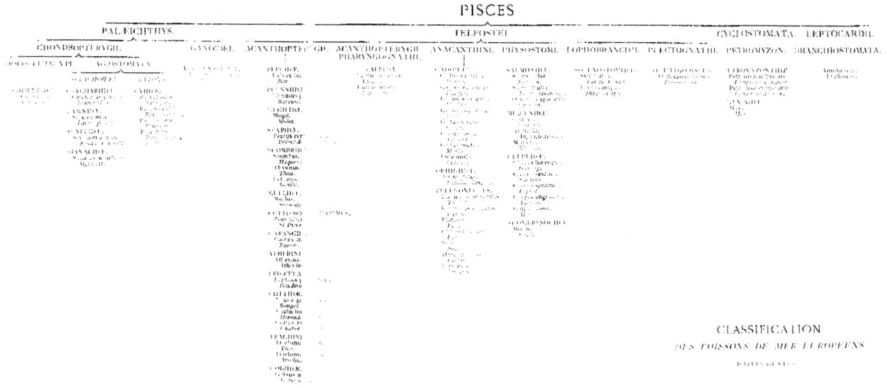

PISCES

| PALÆICHTHYS. | | TELEOSTEI | | CYCLOSTOMATA. | LEPTOCARDII. |

| CHONDROPTÉRYGII. | GANOIDEI. | ACANTHOPTÉRYGII. | ACANTHOPTÉRYGII PHARYNGOGNATHI. | ANACANTHINI. | PHYSOSTOMI. | LOPHOBRANCHII. | PLECTOGNATHI. | PETROMYZON. | BRANCHIOSTOMATA. |

CLASSIFICATION

DES POISSONS DE MER EUROPÉENS

que d'autres la gardent entre les lèvres, et ne l'avalent que lorsqu'ils se sont cachés dans une retraite sûre. Un autre point qu'il faudra bien observer, c'est la distance entre le fond et l'endroit où ils nagent, de là dépendront la longueur de la ligne, et le poids des plombs à employer.

Comme conclusion, le débutant devra se mettre au travail avec intelligence, et l'expérience qu'il acquerra ainsi, sera un encouragement à persévérer dans la voie des recherches et de l'étude.

CHAPITRE III

Nous nous occuperons dans ce chapitre : 1" des différentes configurations des côtes que le lecteur pourrait rencontrer, dans le voisinage de l'endroit qu'il aura choisi pour faire ses débuts de pêcheur maritime ; 2" de l'étude des courants, des prévisions du temps, et de la physiographie en général. Cette dernière connaissance est de première nécessité.

Ce qui doit, avant tout, faire l'objet des préoccupations du pêcheur, c'est le choix du lieu de pêche et le moyen de se rapprocher du poisson. Si les circonstances le permettent, on choisira comme lieu de pêche un rocher ou tout autre point de la côte autour duquel l'eau soit assez profonde pour qu'à n'importe quel moment de la marée, le poisson puisse s'en approcher sans crainte. Si la côte ou l'emplacement ne se prêtaient pas convenablement à la pêche, il faudrait alors se servir d'un bateau, bien que la terre ferme soit toujours préférable.

Rochers.

En règle générale, plus une falaise suit une ligne perpendiculaire, plus l'eau qui est à sa base est profonde.

Cette ligne de déclivité continue jusqu'au fond de la

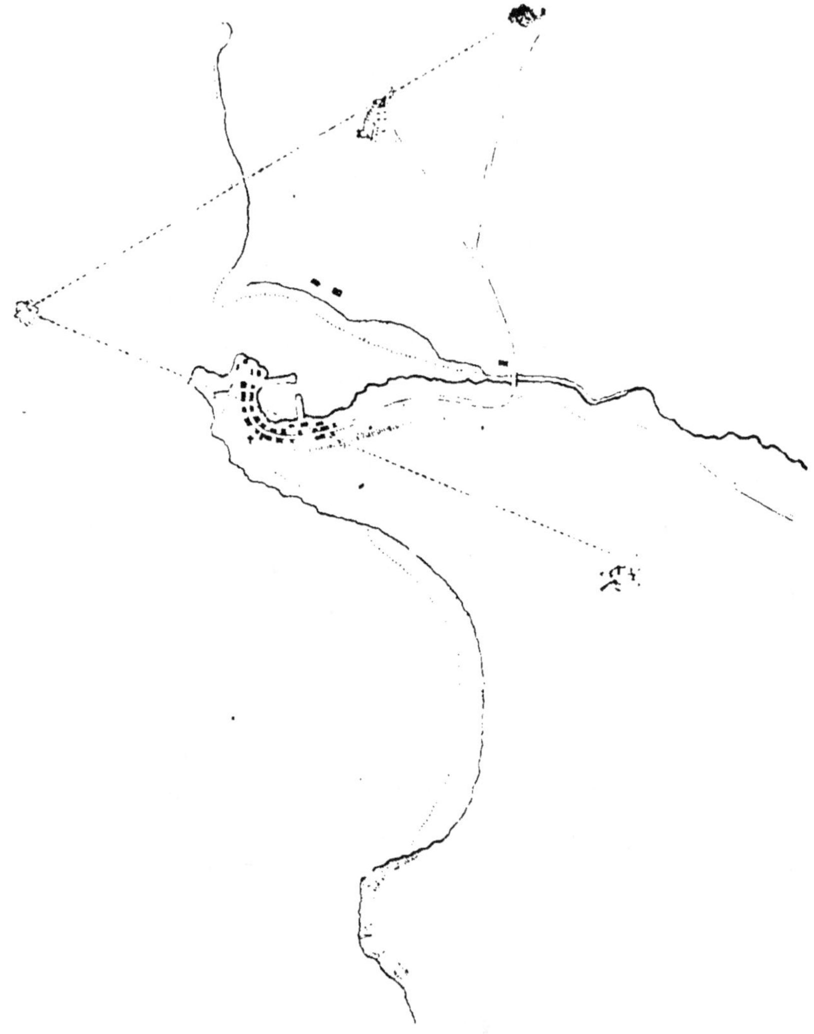

Un lieu de pêche.

mer, et par sa forme elle empêche l'éboulement des

terres qui sont autour du rocher, surtout lorsqu'elles sont de nature granitique.

D'un autre côté, les rochers qui sont assis sur des bases de grès dur ou des bases de grès calcaire, offrent toujours des plages en pentes douces, provenant de l'empiètement incessant de la mer, sur ces rochers friables.

Dans la gravure ci-dessus, page 15, nous avons imaginé un lieu de pêche avec ses environs.

Quoiqu'il soit fictif, on en trouvera beaucoup de semblables le long des côtes de Bretagne. Notre petit port, comme on le remarquera, est abrité par un promontoire élevé et couvert de rochers, qui divisent la baie ensablée de l'estuaire de la rivière. D'un côté, la baie est protégée des vents de l'ouest par un second promontoire, de l'autre par un port naturel situé à l'embouchure. Il est presque fermé par une barre de sable provenant des alluvions que la rivière entraîne des différents terrains où elle coule, et qu'elle dépose à l'endroit où elle se rencontre avec le flux de la mer.

En plus de ses avantages naturels, au point de vue du pêcheur, on y trouve un double quai, où les bateaux des pêcheurs de sardines ou de maquereaux trouvent un mouillage sûr. Ils peuvent de là, au premier signal, et cela en moins de cinq minutes, appareiller pour aller à la rencontre des bancs qui sont en vue.

Au large, l'emplacement des rochers qui sont immergés dans l'eau, est désigné par le croisement des lignes imaginaires qui passent au-dessus de certains points fixes et perceptibles, situés sur la terre ferme.

Nous sommes donc maintenant pourvu de toutes les facilités pour jouir de chaque variété de sport.

Il ne nous reste plus qu'à procéder par ordre, et à

noter sur notre plan, les différents endroits fréquentés par chaque genre de poisson en nous reportant pour cela. au chapitre précédent. où sont données les explications concernant leurs mœurs.

Commençons par les poissons de rivière : nous pouvons les diviser en deux classes : les anadromes, c'est-à-dire ceux qui n'entrent dans les rivières que pour y frayer seulement, et ceux qui suivent la marche du flux, c'est-à-dire qui y entrent à la marée haute. et en ressortent à la marée basse.

Dans la première division. nous citerons les salmonides. les aloses et les esturgeons. Ces derniers se trouvent souvent dans l'eau douce, mais le fait qu'ils y viennent pour y déposer leurs œufs prête encore à discussion.

La seconde division comprend le bar. le mulet. le flez, ainsi que quelques autres poissons plats. que l'on trouve souvent fort loin de la mer, et que le changement de demeure ne semble nullement incommoder.

Remarquons qu'à certaines époques, on rencontre le bar presque partout; dans les parties rocheuses où il abonde, ou encore sur les bancs de sable, à la recherche des lançons.

Nous le retrouvons encore dans les herbes marines poursuivant les crabes et cherchant des coquillages. car il est toujours en mouvement, et sa faim n'est jamais assouvie.

Les détritus provenant du village, lorsqu'ils arrivent à la mer. sont un attrait irrésistible pour tous les genres de poissons, et il y a peu de variétés que l'on ne puisse pêcher du haut des jetées, surtout si, à proximité, il se trouve une fabrique de sardines, car le poisson de mer est particulièrement friand de l'huile de sardine.

La barre de sable, qui se trouve en dehors de l'embouchure de la rivière, est un endroit qui sert aux ébats d'un nombre incalculable de lançons; ils s'y enfoncent au moment où la marée le met à sec, et en ressortent quand la marée haute le recouvre. Il est inutile d'ajouter qu'à ce moment tous les gros poissons, le bar principalement, se précipitent dessus, la marée montante les engageant à sortir de leur retraite. Nous nous occuperons, en temps opportun, des lançons ou équilles, qui fournissent d'utiles amorces, et en même temps un mets qui n'est pas à dédaigner. Autour des rochers du promontoire figuré au milieu de notre gravure, d'immenses bancs de colins prennent leurs ébats, offrant ainsi une excellente pêche à faire soit de la terre ferme, soit à bord d'un bateau. On pourra se servir, dans les deux cas, de la mouche artificielle ou de la ligne de traîne.

Si le temps le permet on se rendra en bateau; on mouillera sur l'un des rochers immergé par 30 mètres de fond, et là on emploiera des amorces naturelles.

On devra se munir de solides ustensiles, car on aura à lutter contre la force des courants et les poissons de forte taille.

Il a été observé que les poissons plats comme le turbot, la barbue, le carrelet et la plie, vivent de préférence sur les fonds de sable: si donc, nous nous dirigeons vers la baie située à l'ouest de notre gravure, nous aurons toutes les chances de prendre de ces poissons. Cette pêche se fait avec des lignes garnies de 50 à 100 hameçons, que l'on laisse 9 ou 12 heures sans les relever.

Il existe un autre genre de fond, dont la description n'est pas facile à expliquer: ce sont les fonds formés par

des rochers à moitié ensablés, alternant avec des bancs
de sable, ou des bancs d'herbes. Ces sortes de fonds sont
généralement recherchés par les merlans, les raies, les
brêmes de mer, les congres, et par tous les poissons
qui appartiennent à la famille de la morue. On a, par
suite, bien des chances, si l'on se tient près de ces
fonds, de faire une pêche à la fois abondante et variée.

Marées.

Nous avons fait allusion, dans le paragraphe précédent, aux courants de la mer, que nous désignons sous
le nom de marées. Ces courants ne sont, en réalité, que
le résultat de l'élévation et de l'abaissement de l'eau se
produisant périodiquement.

Ce phénomène a une grande importance sur la pêche ;
nous allons indiquer quelles sont les bases sur lesquelles il repose et quelle en est la raison. Sans entrer
dans une longue explication, nous constaterons qu'il
est dû à la concentration de l'eau ; c'est une conséquence de l'attraction du soleil et de la lune. L'élévation et l'abaissement de l'eau se produisent deux fois
dans un peu plus de 24 heures.

On constatera, en outre, qu'à l'époque de la nouvelle
lune et de la pleine lune, les marées sont plus fortes
qu'au moment du premier et du dernier quartier. Une
des meilleures saisons pour la pêche, est l'époque des
grandes marées. Toutefois, dans certaines circonstances,
le moment où la marée est morte sera préférable dans
quelques localités, où le fort mouvement de l'eau n'est
pas propice à la pêche.

La plus haute marée est généralement la troisième après la nouvelle lune ou la pleine lune, bien que l'influence de la pleine lune soit peut-être plus forte que celle de la nouvelle lune. En outre, on devra remarquer que chaque marée est en retard de 50 minutes par jour sur la précédente.

Le motif pour lequel la pêche à l'époque des grandes marées est plus productive qu'à l'époque des marées mortes, est facile à expliquer. A ce moment, la mer rejette de grandes quantités d'herbes qui, soumises à la chaleur du soleil, entrent rapidement en décomposition et donnent ainsi naissance à une quantité innombrable d'insectes. Une quinzaine de jours après, c'est-à-dire quand la forte marée revient, tous les poissons s'assemblent pour se précipiter avec entrain sur tout ce qui sortira de ces bancs d'herbes.

Nous pouvons donc déduire de ce fait, et l'expérience le confirmera, que le meilleur moment de cette pêche est celui de la marée montante à l'époque des grandes marées. Quand la pêche se fait de la côte ou du haut des jetées, le temps le plus propice est pendant les quatre premières heures de la marée montante, pourvu que la profondeur de l'eau s'y prête.

Une fois l'emplacement trouvé et avant de se livrer à la pêche, on devra se procurer une carte officielle, sur laquelle les rochers, les bancs de sable et la hauteur des fonds sont indiqués; elle servira à contrôler les renseignements donnés par les pêcheurs de la localité, que l'on habitera. Ceux qu'ils vous fournissent étant souvent erronés, on fera bien de ne pas trop s'y fier.

CHAPITRE IV

La canne ou gaule.

Le choix d'une bonne canne ou gaule est d'une grande
importance pour celui qui pêche en mer. Elle sert à
deux usages : 1° à jeter l'amorce à l'endroit qui a été
choisi; 2° à présenter une certaine résistance à la secousse que produit le poisson pris à l'hameçon, et en
même temps à éviter que la ligne se rompe subitement
sous ses efforts désespérés.

Les qualités requises sont donc la solidité et la flexi-
bilité. Pourtant dans quelques cas (par exemple, si l'on
se servait d'un plomb un peu lourd), elle devrait avoir
une certaine raideur. C'est pourquoi on devra se munir,
par précaution, de deux scions : le premier long et
flexible, le second court et rigide.

Pour pêcher à la volée ou avec de longues lignes, on
se servira du scion flexible, et du scion court pour la
pêche en eau profonde, avec une ligne lourde.

Beaucoup de pêcheurs se munissent de plusieurs
gaules, mais nous conseillons, dans un but d'économie,
une seule gaule avec deux scions (selon le genre de
pêche que l'on a en vue); cela suffira à tous les besoins.

Les cannes à pêche sont faites en différentes matières;
on peut les diviser en deux sortes : celles en bois et

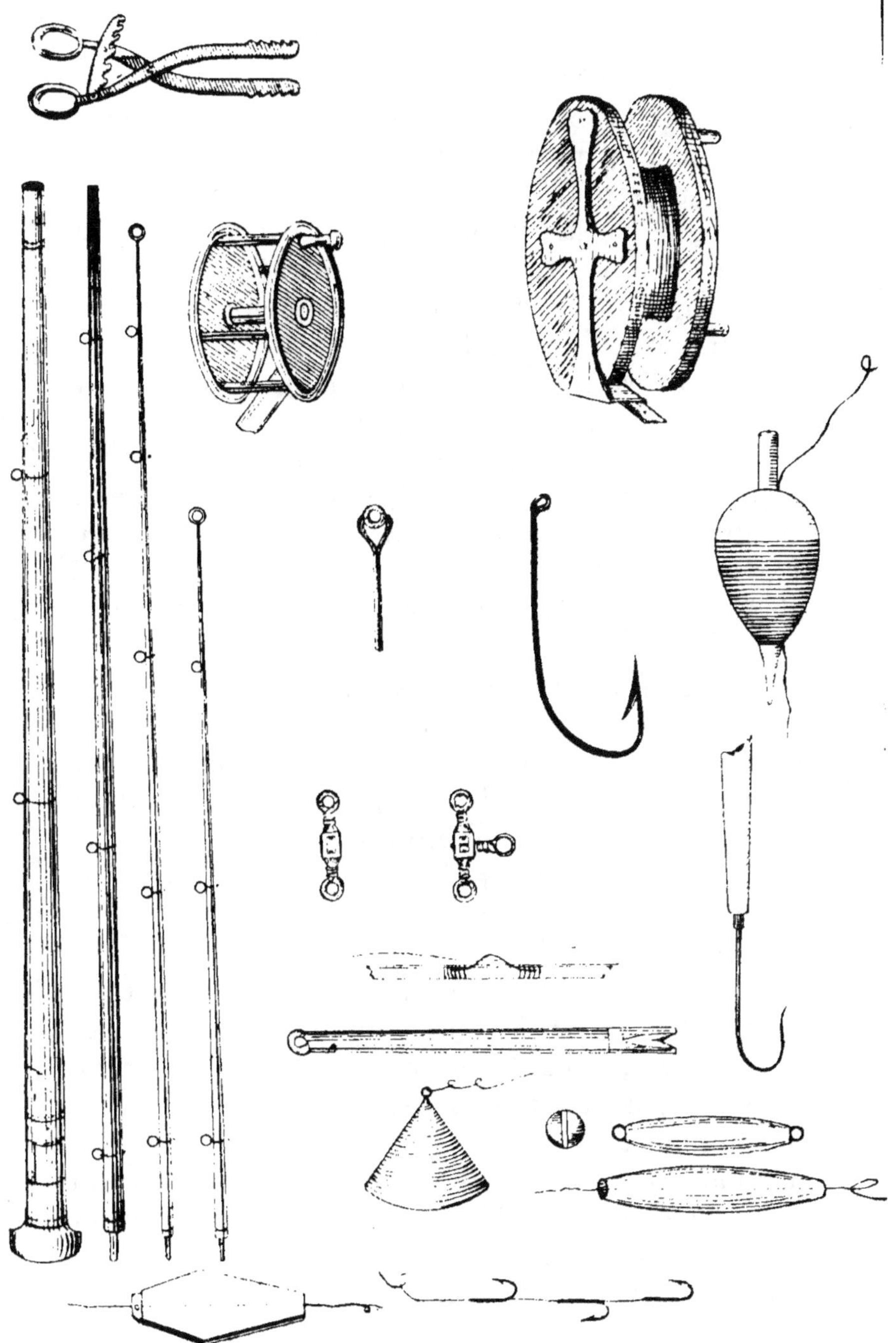

Appareils et ustensiles de pêche.

celles en bambou. Nous laissons le choix à nos lecteurs de l'une ou de l'autre sorte, c'est une question d'appréciation personnelle. La gaule pour la pêche en mer est d'une construction plus solide que celle pour la pêche en rivière. Les viroles devront être en cuivre, car celles en fer ou en acier sont promptement oxydées, sous l'action corrosive de l'eau de mer.

Le scion de rechange doit pouvoir se loger dans le pied creux de la canne, et ce dernier se fermer par un bout à vis. A quelques centimètres au-dessus de la virole du pied, on devra ménager une entaille, afin de pouvoir y faire glisser le petit palier en métal sur lequel le moulinet est monté. Une série de petits anneaux partent du pied jusqu'à la tête du scion : ils doivent être suffisamment espacés, de manière que la ligne puisse facilement se dérouler ou s'enrouler. Ils doivent être assez larges, bien polis, et posés verticalement de manière qu'au passage de la ligne, le frottement soit très minime, sinon il en résulterait une prompte détérioration. Pour éviter cela, nous conseillons de fixer à la tête du scion un anneau un peu plus grand, garni à l'intérieur d'une sertissure en os, en ivoire ou en corne.

Une canne pour la pêche en mer ne devra pas mesurer plus de quatre mètres de long ; souvent trois mètres suffiront. Plus de trois longueurs ne sont pas nécessaires ; on se fera confectionner un étui ou fourreau avec des compartiments séparés, afin de les mettre à l'abri de l'humidité.

Quant aux prix, ils varient à l'infini. C'est un objet qui est à la portée de toutes les bourses, mais nous pensons que pour une douzaine de francs, on peut se procurer une canne, comme celle décrite plus haut.

Le moulinet.

Ce petit appareil est presque aussi important que la canne à pêche, car sans lui, la capture d'un poisson de forte taille est presque impossible.

C'est un petit cylindre sur lequel est enroulé la ligne; le mouvement est produit par une manivelle fixée sur le côté droit.

Il y a plusieurs genres de moulinets : ceux à cric, ceux à mouvement simple, et ceux à double effet ou multiplicateur, c'est-à-dire qui tournent deux fois pour un seul tour de manivelle. Ce dernier genre de moulinet, quoique commode, ne devra pas être adopté; car, ce que l'on gagne en vitesse est perdu en force. De plus, le mécanisme se dérange très facilement, ce qui produit un enchevêtrement de la ligne et cela presque toujours dans un moment critique. Nous engagerons donc à prendre le moulinet simple, de préférence au moulinet multiplicateur. Depuis quelques années, les moulinets en bois ont été très perfectionnés. ils ont l'avantage d'être d'un maniement plus simple, et d'un poids moindre que ceux en métal; les prix en sont également moins élevés. Néanmoins. pour la pêche en mer, on aura plus de sécurité avec un moulinet en cuivre pouvant supporter au moins 80 mètres de ligne.

Si l'on pense pouvoir prendre de gros poissons, on devra se munir d'un moulinet à cric, c'est-à-dire pourvu d'une roue d'engrenage montée sur la goupille du cylindre, et fixée sur l'un des côtés extérieurs. Un rochet ou cliquet empêchera la ligne de se dérouler trop rapidement, car souvent un poisson de forte taille s'enfuit avec 60 mètres de ligne, avant que le pêcheur puisse l'arrêter dans sa course. S'il essayait de l'arrêter avec la main, il se ferait enlever la peau ; c'est un essai qu'il ne serait pas tenté de faire une seconde fois.

Le corps de ligne.

On nomme ainsi la partie de la ligne qui est enroulée sur le cylindre du moulinet ; l'autre extrémité se nomme bas de ligne ou avançon.

Elle est destinée à résister aux bonds que les gros poissons impriment à la ligne au moment de leur fuite, elle devra mesurer de 80 à 100 mètres.

Le choix d'une bonne ligne est une chose assez difficile, car, au moment de l'acheter, on sera embarrassé par la diversité, par la matière première dont elle est faite, et par la quantité des différents genres que l'on soumettra à votre examen.

Les principales matières dont on se sert sont le coton, le lin, le chanvre et la soie.

Il n'est guère nécessaire de faire observer que cette dernière matière, quoique plus chère que toutes les autres, est de beaucoup la meilleure. En effet, un mètre de ligne en soie tressée à 8 brins et imperméabilisée par l'application d'un vernis spécial, reviendra à 30 centimes environ.

Peu de pêcheurs seront disposés à y mettre un prix aussi élevé, car les meilleures lignes ne résistent pas longtemps à l'action corrosive de l'eau salée, même si l'on prend la précaution de les laver dans l'eau douce, et de les sécher ensuite, chaque fois que l'on s'en sert. Le crin est une matière première dans laquelle on ne peut guère avoir confiance; nous recommanderons donc la ligne faite en lin ou coton tressé, passée ensuite dans un bain d'écorce de cachou, et finalement enduite d'un vernis fait avec une dissolution de caoutchouc. Quoique d'un prix un peu plus élevé, nous donnerons la préférence à la ligne tressée, car celle en fils tordus a le grand inconvénient de se vriller ou de s'enchevêtrer. On appréciera les qualités de cette dernière si l'on pêche à la mouche ou à la volée. — Nous citerons encore un autre genre de ligne, celui à queue de rat ou fuseau, c'est-à-dire grosse à une extrémité et mince à l'autre, ou bien mince aux deux extrémités et grosse au milieu.

Beaucoup de pêcheurs ont l'habitude de fixer cette ligne à l'avançon, au moyen d'une boucle. Ce système a le désavantage de n'offrir aucune garantie spéciale de solidité et de demander un certain temps, car l'on est obligé de faire passer par cette boucle tout le bas de ligne, y compris le flotteur. Nous préférons un simple nœud, qui demande quatre fois moins de temps à faire, et qui présente des garanties suffisantes de résistance.

L'avançon.

La partie de la ligne qui se trouve le plus près de l'amorce se nomme « avançon »; elle doit posséder deux qualités, la finesse et la force. Elle se fabrique avec une certaine matière première, qui n'est autre chose que les intestins des vers à soie, elle se nomme *racine* ou *florence* selon sa grosseur et l'emploi auquel on la destine.

Le principal pays de production est l'Espagne, surtout Murcie et ses environs, à cause des mûriers qui y croissent en abondance, et qui forment la base de la nourriture des vers à soie.

A l'époque où le ver s'apprête à faire son cocon on le tue en le plongeant dans un récipient contenant du vinaigre. Un ouvrier habile fait une entaille dans le ver, saisit entre le pouce et l'index le petit sac qui contient l'intestin et le déroule comme le ferait un tréfileur. Sa longueur est d'environ 15 à 20 centimètres, on le fixe à des épingles plantées sur une planche, et on l'expose ainsi au soleil pour le sécher. Le fil est ensuite nettoyé, assorti de grandeur, et enfin mis en paquet pour l'exportation.

Nous nous sommes un peu étendu sur la préparation de cet article, mais comme il est d'une grande importance pour le pêcheur, nous espérons que l'on nous en saura gré. C'est, comme nous l'avons dit précédemment, la seule matière première qui possède les qualités de finesse requises, et qui puisse résister aux bonds des plus grands poissons (c'est-à-dire, ne dépassant pas 20 à 25 kilos), les chiens de mer et tous ceux de cette catégorie exceptés.

Pour la pêche ordinaire, on se servira de bas de lignes en queue de rat, d'une longueur de 1^m.80 environ entre le corps de ligne et la tête de l'hameçon. Il sera monté de la manière suivante : — 60 centimètres en florence 3 brins, 60 centimètres en florence 2 brins, et 60 centimètres en florence un brin mais fort. Certains endroits sont infestés par les chiens de mer, les congres etc.; leurs dents sont assez fortes pour couper une telle ligne.

Pour parer à cet inconvénient, on mettra à la ligne une empile en corde métallique (dans le genre de la corde à guitare ; l'intérieur est en soie ou en lin, recouvert d'un fil de cuivre.

Le florence à l'état de siccité est sujet à se rompre facilement; on devra donc, avant de s'en servir ou de l'enrouler sur le plioir, le faire tremper dans de l'eau tiède. Celui de bonne qualité doit être rond, clair et brillant. Pour les lignes tressées avec plusieurs brins, on peut se servir de celui dont le fil est plat, de couleur terne et de grosseur inégale.

Les hameçons.

De nos jours la fabrication des hameçons a été poussée à une telle limite de perfection, que nous nous étendrons peu sur le plus ou moins de mérite des différents genres qui sont en usage. Chacun sait, même celui qui a la plus petite expérience de la pêche, que la pointe de l'hameçon doit être parallèle à la tige, et que la force de pénétration dépend de la plus ou moins grande longueur de cette tige. Comme la qualité de cet engin est de la plus haute importance. on devra s'adresser à une maison de confiance et ne pas faire des économies sur cet achat. L'acier doit être de bonne trempe; la partie courbe doit être bien cintrée, et ne pas faire un angle aigu. ce qui indiquerait une faiblesse de construction. Les hameçons se fabriquent en une douzaine de numéros. mais il est inutile d'en emporter plus d'une vingtaine de chacune des grandeurs suivantes : petits, moyens grands et très grands.

Certains poissons de forte taille ont, en comparaison de leurs corps, de très petites bouches, le mulet et le labre par exemple. Pour cette pèche on se servira d'une ligne en florence garnie de 2 ou 3 petits hameçons montés sur racine, et distants d'un quart de pouce l'un de l'autre, comme le représente la gravure. L'amorce tiendra ainsi solidement, et la chance que le crochet de l'hameçon pénètre dans la bouche du poisson sera en raison directe du nombre des hameçons.

Sondes et plombs.

La sonde sert à porter l'amorce à une certaine profondeur et à la maintenir à la même place, malgré les effets de la marée ou des courants.

Il y a deux genres de plombs : 1° ceux qui terminent la ligne comme dans le paternoster; 2° ceux qui sont fixés à la tête de la ligature du bas de la ligne.

Le premier affecte généralement la forme conique, et est fixé par un anneau en métal à l'extrémité de la ligne.

Le second a la forme d'une olive percée de bout en bout, de manière que la ligne puisse y passer facilement. Au moyen d'une petite cheville en bois, on peut le fixer à la distance voulue de l'amorce, il a l'avantage d'être d'un maniement facile.

Le plomb en forme d'olive convient aux mouvements rapides qui se produisent quand on pêche à la traîne ou avec une amorce artificielle.

Pour la pêche à la ligne avec bouchon ou flotteur, le plomb a la forme d'une balle de pistolet de petit calibre. Elle est fendue dans le milieu et on la fixe sur la ligne, en la serrant avec une pince plate.

2.

La ligne de fond avec sonde est construite dans le sens inverse du paternoster, elle repose sur le fond et a, à peu près, la forme d'un petit cercueil percé aux deux extrémités afin que la ligne puisse s'y mouvoir facilement.

On devra faire un nœud à la ligne à deux mètres environ au-dessus de l'hameçon, de manière que le poisson puisse tirer la ligne à lui, et que ce mouvement soit ressenti par le pêcheur, sans que le plomb se déplace.

Bouchon ou flotteur.

Cette partie est fabriquée avec un corps très léger, comme du liège, ou un tuyau de plume. Il sert à deux usages : 1° à maintenir à une distance convenable du fond ; 2° à indiquer les « touches » du poisson.

Il ne peut être mis en usage que dans les eaux peu agitées ; sans cela on ne pourrait pas facilement savoir si le bouchon est entraîné par le courant, ou par un poisson mordant à l'hameçon.

Il ne devra pas dépasser la grosseur d'un œuf de poule, et on le maintiendra sur la ligne, au moyen d'une petite cheville.

L'émerillon.

C'est un petit instrument en cuivre qui a pour but d'empêcher la ligne de s'entortiller. Il consiste en un petit cadre, muni à chaque extrémité d'un crochet pouvant tourner dans tous les sens, afin de se prêter aux mouvements giratoires d'une amorce à hélice, ou du poisson pris à l'hameçon.

Il sert principalement à la pêche à la traîne, mais il est toujours bon d'en avoir un dans sa trousse quel que soit le genre de pêche auquel on se livre. Dans le montage de la ligne pour le paternoster, on se sert quelquefois de l'émerillon à trois branches pour y attacher l'empile, comme il est indiqué dans la planche ; il empêche ainsi l'amorce de s'enrouler sur l'avançon. Pour obvier à cet inconvénient on devra avoir soin de ne pas prendre des émerillons ayant ces boucles spéciales de trop grandes dimensions : sans cela ils risquent de se courber sous la tension oblique qui leur serait donnée par les poissons de forte taille.

La gaffe ou le croc.

Cet instrument sert à amener à terre le poisson accroché à l'hameçon, au moment où, suspendu à la gaule, il s'est épuisé à se dégager de la ligne. C'est un crochet rond en métal, dont la pointe est effilée ; il est monté sur un manche un peu long. Son maniement demandant une certaine dose d'adresse, beaucoup de personnes préfèrent se servir de l'épuisette. La gaffe a le grand avantage d'être beaucoup moins encombrante que l'épuisette, celle-ci demandant souvent le secours d'une seconde personne, surtout si on a à faire à un poisson d'un certain poids.

Liste des principaux articles formant l'attirail du pêcheur : les uns sont nécessaires, les autres commodes.

Dégorgeoir. — Sert à retirer les hameçons avalés.

Baillon. — Pince maintenant les mâchoires ouvertes quand on se sert du dégorgeoir.

Plioirs ou **planchettes**. — Pour enrouler les lignes.

Boîte en métal, pour emporter les amorces.

Soie tressée, pour ligature de cannes, montage de lignes et d'empiles.

Cire vierge, pour cirer les ligatures de soie.

Vernis pour cannes, gaules, etc. : le meilleur est un mélange d'alcool et de gomme laque.

Panier ou **musette** pour transporter tous les ustensiles de pêche.

Huile et brosse, pour lubrifier les objets en métal, comme viroles, émerillons, moulinets en cuivre.

Un assortiment d'**hameçons**.

Une paire de **ciseaux**.

Un **couteau** dans une gaine.

Un écheveau de **florence** et de **racine**.

Une bobine de **fil de cuivre** (fin).

Une série de **plombs** de différentes grosseurs.

Une **dissolution de cire** à cacheter dans l'esprit de vin, pour faire du vernis.

Mouches artificielles et amorces diverses.

Cordes à guitare et **viroles** de rechange.

CHAPITRE V

DES DIFFÉRENTES MÉTHODES DE PÊCHE A LA LIGNE

Dans le chapitre précédent, nous avons donné une
description détaillée des divers articles composant l'attirail du pécheur, nous allons maintenant procéder par
ordre et indiquer, selon les besoins et les circonstances,
les différentes dispositions des hameçons et des plombs.

En principe, lorsque le pécheur se trouvera dans un
endroit où l'amorce restera presque immobile, il devra
se servir d'une amorce naturelle, comme le ver ou le petit poisson. Dans le cas contraire, il pourra employer
soit l'amorce naturelle soit l'amorce artificielle.

Si l'on se sert d'une amorce artificielle, il faut qu'elle
soit constamment mise en mouvement par la marche
d'un bateau ou encore par le déplacement de la canne,
pour que le poisson ne s'aperçoive pas que l'amorce
n'est pas naturelle.

En conséquence, lorsqu'on se proposera d'adopter la
première manière de pécher, on devra recourir aux différentes combinaisons permettant de maintenir l'amorce
dans une position convenable, en ce qui concerne la distance qu'il y a entre elle et le fond.

Cette première méthode, qui est la plus simple, consiste à attacher à la ligne un morceau de liège d'une
dimension suffisante, afin que la distance entre cette

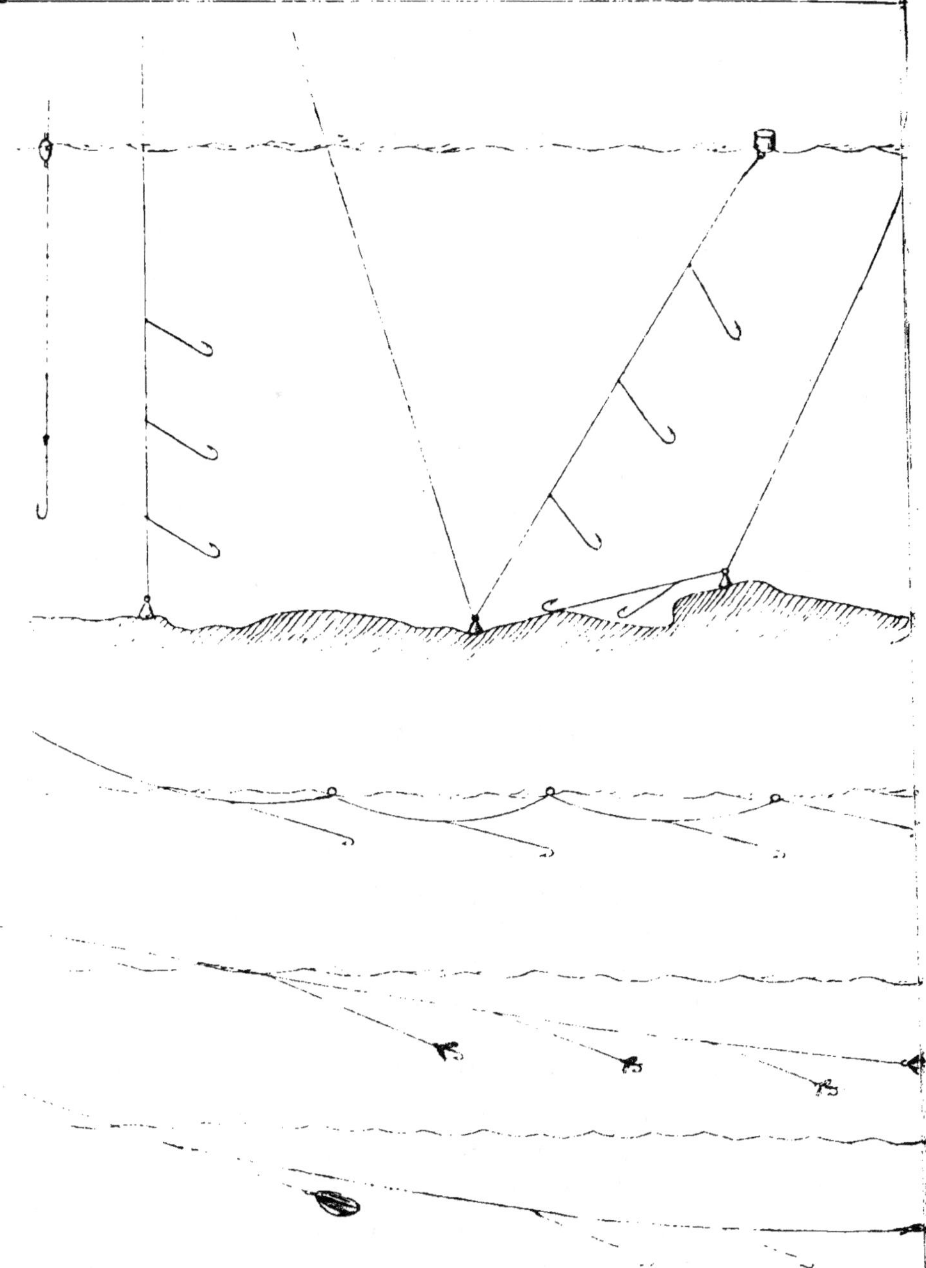

Des différentes méthodes de pêche à la ligne.

flotte et l'hameçon soit un peu moindre que le fond de
l'eau dans laquelle on pêche.

Par ce moyen, le liège flottera à la surface, tandis que
l'amorce sera suspendue à quelques centimètres du fond
et se présentera aux poissons, dans les endroits où ils
ont l'habitude de chercher leur nourriture. Ce système
présente plusieurs avantages, en ce sens que les hameçons ne s'accrochent pas aux différents obstacles qui sont
dans le fond, et que la flotte signale immédiatement la
« touche » du poisson.

Cependant, il arrive quelquefois que la force du
courant ou de la marée emporte la flotte et que, par
conséquent l'amorce est ramenée à la surface de l'eau;
dans ce cas on fera usage de la ligne connue sous le
nom de paternoster.

Le paternoster.

Cet engin de pêche tire son nom de sa ressemblance
avec les grains d'un chapelet.

Sa construction présente quelques difficultés, en ce
sens que, si les hameçons ne sont pas bien attachés, les
« bas de lignes » devront infailliblement s'enchevêtrer à
la ligne principale, ou corps de ligne.

On a essayé différents moyens pour obvier à cet en-
nui; celui qui a donné le meilleur résultat consiste à se
servir d'un émerillon à 3 boucles, celle du milieu devant avoir une longueur suffisante pour se prêter aux
mouvements des hameçons. La ligne se termine par
une sonde conique, comme nous l'avons expliqué dans
le chapitre précédent, et les hameçons sont attachés à

15 centimètres l'un de l'autre. La ligne principale ou corps de ligne, se composera de florence à trois brins ou de corde métallique et les hameçons seront montés sur du florence solide 1 brin ayant environ 6 pouces de long.

On ne devra pas attacher plus de trois ou quatre hameçons, car s'il y en avait plus, on serait obligé d'amorcer constamment; ce qui à la longue deviendrait fastidieux, et les risques de s'embrouiller plus nombreux. Le paternoster a toujours été la ligne favorite des pêcheurs maritimes; on ne saurait trop louer sa valeur et sa commodité.

Ligne de fond.

Il arrive fréquemment que l'on a besoin que les amorces reposent sur le fond; cela a lieu quand on pêche le turbot, la limande, la plie, etc., qui se tiennent spécialement sur les fonds sablonneux. — Pour cela, il faudra recourir à une autre disposition du plomb et des hameçons. La sonde, au lieu d'être fixée à l'extrémité du bas de ligne est montée sur le corps de ligne, de manière que cette dernière puisse passer facilement au travers des trous de la sonde, quand elle est tirée dans le sens extérieur. Pour prévenir l'enchevêtrement sur le bas de ligne, on aura soin de faire un gros nœud en avant de la sonde. — De cette manière la « touche » d'un poisson se transmet immédiatement au scion, sans qu'il soit nécessaire d'agiter la sonde. — Le bas de ligne qui est attaché après le nœud peut avoir deux mètres de long et porter trois hameçons ou plus, au choix du pêcheur.

Les émerillons à trois branches, dont nous avons parlé dans la construction du paternoster ne sont, bien entendu, dans ce cas-ci, d'aucune utilité, car le bas de ligne repose dans le sens horizontal et ne peut être dérangé par le courant.

Il y a encore une autre méthode de pêche, qui est une combinaison du flotteur, de la ligne de fond et du paternoster; elle est bien appropriée à la pêche dans une eau houleuse, ou à la marée montante, quand les gros poissons sont à la recherche de nourriture.

Dans ce genre de pêche, le flotteur est à l'extrémité du bas de ligne, tandis que la sonde, comme dans la ligne de fond, maintient les amorces submergées entre le niveau de l'eau et le fond. Le flotteur, bien entendu, reste à la surface de l'eau, et les amorces sont suspendues aux hameçons comme si elles étaient ancrées dans le fond, au moyen du plomb de sonde, au travers duquel le corps de ligne se meut aisément.

On se sert souvent de cette méthode pour pêcher le bar au bord de la plage, ce poisson se trouvant fréquemment dans les eaux agitées.

Parfois on remarque à la surface de l'eau, de gros poissons cherchant leur nourriture, tels que des mouches ou d'autres insectes qui sont précipités dans la mer, quand le vent souffle de terre.

Les pêcheurs profitent de cette circonstance pour fixer au bas de ligne de petits morceaux de liège, à l'endroit où l'empile est raccordée au corps de ligne. De cette façon tout l'appareil flotte sur l'eau, tandis que les amorces sont suspendues quelques pouces plus bas, juste à l'endroit où se trouvent les poissons qui sont en quête de pâture. Souvent de cette façon, on prend le mulet avec succès.

Pêche à la traîne.

Il n'est pas absolument nécessaire que l'amorce soit une amorce naturelle, c'est-à-dire une substance entrant dans la nourriture ordinaire du poisson.

Au contraire, il semble que la nature du poisson le prédispose à poursuivre et à saisir tout objet qui se meut et qui brille, qu'il présente ou non une ressemblance avec une créature vivante.

Les pêcheurs n'ont pas été longtemps à remarquer ce fait, et de nos jours il existe une quantité innombrable d'amorces artificielles, fabriquées avec toutes les matières premières imaginables. Les métaux, le caoutchouc, la nacre, le verre, les plumes, tout a été mis en usage; ces amorces imitent les petits poissons, les crevettes ou bien des insectes.

Celle qui est la plus connue est la cuillère; comme son nom l'indique, elle se compose d'un cuilleron attaché à la ligne, et son extrémité est garnie d'un triple hameçon. Quand elle est entraînée par le courant, la forme concave et convexe du cuilleron imprime un mouvement rotatoire assez vif à l'amorce; c'est du reste cette forme qui a servi de principe fondamental pour presque toutes les amorces artificielles. On y ajoute quelquefois des ailettes ou des rebords en métal. — On s'en sert soit au bord de l'eau, soit quand on est en bateau.

Dans ce dernier cas, le mouvement de la rame devra toujours être d'une vitesse égale, en ayant soin de laisser

derrière soi de 20 à 30 mètres ligne ; le déplacement de
l'eau, produit par la marche du bateau suffira à maintenir la ligne entre deux eaux et l'empêchera d'aller au
fond. Le poisson en mordant à l'hameçon s'enferre par
lui-même généralement, et en faisant tourner le moulinet, il pourra être saisi aussi vite que son poids le permettra. Si l'on pêche du haut d'une jetée, d'un rocher,
ou de tout autre endroit fixe, on devra faire usage d'une
autre méthode qui demandera un peu plus d'énergie de
la part du pêcheur. On devra dérouler du moulinet environ une dizaine de mètres de ligne que l'on étendra sur
le sol, ou que l'on gardera dans une main, et de l'autre,
au moyen de la canne, on lancera l'amorce dans l'eau.
Puis, laissant la ligne se dévider à travers les anneaux
ou l'enroulant à nouveau, l'amorce sera maintenue con-
tinuellement en mouvement, jusqu'à ce que la touche
d'un poisson vienne récompenser le pêcheur.

Ce genre de pêche demande une grande pratique,
mais une fois que l'on attrape « le truc », on ne le perd
jamais, et l'adresse que l'on acquiert à lancer l'amorce
pourra servir dans tous les genres de pêche.

Pêche à la mouche artificielle.

La fabrication des mouches artificielles pour la pêche
maritime ne présente pas de grandes difficultés ; à peu
d'exceptions près elles consistent en un morceau de
côte de plume garnie de son duvet, teinte en rouge,
en blanc, ou en vert.

Les bars. les maquereaux et les colins sont les poissons que l'on prend le plus souvent.

La méthode de pêche à la mouche artificielle diffère peu de celle à la volée. dont nous avons donné l'explication précédemment.

La ligne est garnie de 2 ou 3 mouches artificielles, espacées d'un intervalle d'un pied et demi l'une de l'autre ; elle se termine par une amorce en métal. Elle est remorquée par un bateau, ou bien. si les poissons sont d'humeur folâtre, on la lancera à la surface de l'eau, avec grande chance de succès. Ceux qui connaissent bien la pêche de la truite ou celle du saumon, n'auront pas besoin de plus amples explications ; le maniement de la ligne demande les mêmes ruses que celles en usage pour la pêche en rivière.

En résumé. nous pouvons conclure que la chose principale est de bien lancer la mouche à une distance aussi éloignée que possible, et, que contrairement à la pêche en rivière, si en tombant elle fait un peu jaillir l'eau, on verra que loin d'être un motif de terreur pour le poisson, elle sera pour lui un objet d'attraction.

CHAPITRE VI

LE BAR (*Labrax Lupus*).

Ce poisson, dont les formes sont si gracieuses, ressemble en beaucoup de façons au saumon, non seulement comme taille et comme couleur, mais encore par sa vigueur et ses défenses une fois pris à l'hameçon.

En effet, bien des genres de pêches propres au saumon, comme celle à la volée ou à l'amorce artificielle peuvent être employées avec succès pour le bar. Beaucoup de pêcheurs qui ne trouvent pas l'occasion de poursuivre de proie plus noble, c'est-à-dire le saumon, pourront amplement se dédommager avec ce poisson dont il va être question dans le présent chapitre.

Ces points de ressemblance ne doivent néanmoins pas faire supposer, en aucun cas, que le bar appartient à la famille du saumon.

Au contraire, il fait partie de la grande classe des acanthoptérigiens, ou poissons dont les nageoires dorsales sont disposées en épines.

Ce fait est de suite apparent en examinant la première nageoire dorsale du bar, qui ressemble beaucoup à celle de la perche, laquelle appartient à la même famille, et en est peut-être le type le plus parfait.

En outre, comme contraste avec le saumon, le bar possède une grande tête et un opercule branchial dentelé, des nageoires grises, une queue fourchue, en même temps qu'une teinte jaunâtre atténue l'éclat de ses écailles argentées. Chez le poisson que nous avons devant nous, le second aileron adipeux, qui caractérise les salmonidés, est remplacé par un grand aileron rayé. Comme mœurs et coutumes, le bar est d'un tempérament vagabond.

Vers le mois de mai, il s'approche de la côte, non seulement pour y trouver la nourriture du littoral que le soleil du printemps vient de faire éclore, mais encore pour y remplir certains devoirs de famille. A cette époque, il commence alors à faire connaitre sa venue, les gros poissons par paires, les plus petits par bandes. Il s'ébat à la surface de l'eau, soit autour d'un rocher isolé, soit au bord de la côte où il se met à poursuivre les lançons, les crabes et autres friandises. A d'autres moments, on le trouve dans les estuaires et dans les ports, entrant avec la marée montante et s'en allant avec la marée descendante, soit pour y jouer, soit pour y chercher sa nourriture, selon sa disposition du moment.

Pendant la marée morte, quand le soleil est chaud et la mer calme, le pêcheur fera bien de s'occuper d'un autre genre de pêche.

Il ne prendra pas de bar, même s'il les voit s'ébattre à ses pieds, n'ayant de l'eau que juste assez pour leur couvrir le dos. Dans ces moments le poisson n'est pas enclin à prendre de la nourriture, à moins que le pêcheur soit assez enthousiaste pour se lever aux premières heures du jour; sans cela ses efforts seront vains.

On doit exercer un peu sa patience en attendant une occasion favorable, car, tout le secret de pêcher le bar avec succès consiste à connaitre exactement où et quand il faut le pêcher.

Le Bar (*Labrax lupus*).

Pour débuter sous les meilleurs auspices, il faut attendre une saison chaude, un fort vent, une mer houleuse et, si possible, une grande marée, c'est-à-dire celle qui se produit à la nouvelle lune et à la pleine lune.

En un pareil jour, nous pouvons l'affirmer sans hésitation, à partir du moment où la marée monte, tous les rochers, toutes les criques, tous les ports seront remplis de gros bars, avides de nourriture de n'importe quel genre.

Le pêcheur d'ailleurs n'aura pas l'occasion de faire des efforts, car le poisson, se croyant en sûreté par l'opacité de l'eau troublée, s'appprochera à quelques mètres de la côte, en plein milieu de la vague. Il est inutile de dire au lecteur que l'appétit des poissons est stimulé par la perspective d'un régal de petits crustacés, que la violence de la mer arrache de leurs retraites. C'est pourquoi le pêcheur devra se tenir prêt au moment où la mer sera étale, pour qu'aux premiers signes de la marée montante il puisse mettre à profit les mouvements des poissons.

En admettant encore que l'on ait choisi un bon endroit, un rocher élevé ou une jetée, il ne nous reste plus qu'à considérer quel genre de ligne sera le mieux approprié et la meilleure manière de s'en servir.

Supposons que le pêcheur ait envie de faire un essai avec l'amorce naturelle, il est évident que la disposition des hameçons et des sondes dépendront de la force de la marée, de l'état du fond, et de la profondeur de l'eau.

Si le fond est malpropre, c'est-à-dire qu'il est couvert d'herbes, de rochers, ou d'autres obstacles, on évitera que l'hameçon s'y embarrasse en faisant usage de la ligne à flotteur. Ce système est praticable seulement quand le courant est faible et que la profondeur ne dépasse pas 3 mètres. Sans cela, le flotteur serait trop vite entraîné et ferait remonter l'amorce à la surface, ce qui empêcherait le bar de la voir quand il est encore au fond.

Il a été prouvé d'un autre côté, que le paternoster est plus approprié pour pêcher lorsque le courant de la marée est rapide, car la sonde en plomb retient l'appareil dans la même position (comme s'il était ancré) quelle que soit la profondeur de l'eau.

Malgré la voracité avec laquelle le bar saisit sa proie, c'est un poisson très circonspect, quand quelque chose éveille ses soupçons. Nous conseillons donc d'employer une racine ou florence d'une seule épaisseur, ayant 60 centimètres de long, au-dessus de l'hameçon. Il sera bon d'attacher l'empile à l'hameçon par une boucle ayant 10 centimètres de long, présentant ainsi une double épaisseur aux dents du poisson, à l'endroit où il y a chance que la ligne soit coupée.

La ligne, pour ce genre de pêche peut être montée selon les indications données dans le chapitre V, et, comme ce poisson a une large bouche, on pourra faire usage d'hameçons de grandes dimensions.

Amorces.

I. La meilleure amorce pour le bar est *l'équille* vivante, lorsqu'on peut s'en procurer. On retire ce petit poisson du sable, à marée basse, des endroits où il a l'habitude de se tenir, et on peut le garder vivant pendant plusieurs heures en le mettant dans un panier rempli de sable humide. On fixe l'équille à l'hameçon en faisant passer la pointe par la bouche et en la faisant ressortir ensuite par l'ouverture des ouïes; de cette façon, l'équille n'étant pas blessée, peut se conserver vivante pendant un temps assez long.

II. Ensuite vient, par ordre de mérite, la *sardine*, dont l'huile a un grand attrait, quand la sardine a été péchée depuis peu de temps. Chaque sardine peut être coupée en une demi-douzaine d'amorces; la tête et les entrailles sont des morceaux délicats pour les bars et autres poissons de forte taille.

III. Beaucoup de pêcheurs ne jurent que par le *foie de raie*, ou de chien de mer, que l'on se procure souvent chez les pêcheurs de profession. Cette amorce est difficile à attacher à l'hameçon à cause de son extrême tendreté et de la facilité avec laquelle elle tombe en miettes, à moins qu'elle ne soit maintenue par un fil de soie ou un morceau de caoutchouc.

IV. Une des meilleures amorces pour le bar est le *crabe mou*, c'est-à-dire le petit crabe ordinaire, à l'époque où il change de carapace. On pourra se procurer ce crustacé dans cet état en cherchant dans les rochers à marée basse, où il se cache pour s'abriter contre ses ennemis.

V. La *sèche* est également une bonne amorce pour le bar, et peut être recommandée à cause de la fermeté de sa chair, et de sa longue durée. Il est bien entendu que l'on ne peut se procurer ce mollusque que de temps à autre, ce genre de pêche n'existant pas d'une manière régulière. On peut à l'occasion en trouver dans les tambours à homards ou dans les nasses. Quelquefois les sèches se prennent d'elles-mêmes aux lignes des pêcheurs en eau profonde; en se servant avec précaution d'une gaffe à 3 crocs, on peut, par ce moyen, les ramener à bord.

VI. *Crevettes*. Si les amorces mentionnées ci-dessus viennent à manquer, on peut avec succès se servir de la crevette, surtout si elle est vivante et qu'elle soit fixée à l'hameçon par la queue.

VII. Beaucoup de pêcheurs conseillent les *entrailles* de poulets ou d'autres volailles, mais l'amateur n'est guère disposé à recourir à cette amorce désagréable, à moins qu'il ne soit dépourvu de toute autre espèce.

VIII. Dans certaines localités, on pourra faire usage de *moules, buccins, bucardes* et autres coquillages; en effet il y a peu d'êtres marins qui ne servent pas à séduire ce poisson qui est vraiment omnivore. Néanmoins, l'équille vivante est l'amorce par excellence; le seul désavantage qu'elle présente, c'est la difficulté de s'en procurer en quantité suffisante.

Pêche à la traîne, et amorces artificielles.

A certaines époques, c'est une pure perte de temps que de vouloir pêcher le bar avec une amorce naturelle. Dans de pareils moments, le poisson aura quelquefois des velléités de s'élancer sur une amorce artificielle mouvante, peut-être plus par instinct de chasse, que par le désir de trouver de la nourriture.

L'amorce artificielle, soit une mouche ou une imitation de poisson, peut être lancée du rivage, ou traînée derrière un bateau. Dans le premier cas, le pêcheur s'installe sur un rocher en saillie et chaque fois que l'amorce est lancée dans l'eau, il la ramène vers lui par des coups saccadés, essayant d'imiter les mouvements d'un petit poisson qui cherche à échapper à ses ennemis.

Si l'on se sert d'un bateau, il suffira de dérouler avec le moulinet une longueur de 3o mètres environ, et de garder une vitesse suffisante pour que l'amorce n'aille pas au fond. La mouche est l'amorce qui exerce la plus grande attraction sur le bar ; elle consiste en une plume verte, garnie de paillon d'argent. Un poisson, fait en n'importe quel métal blanc, servira également avec succès comme amorce à hélice.

Un signe très certain de la présence du bar, c'est quand dans un certain endroit, les oiseaux de mer réunis en bandes voltigent à la surface de l'eau et que fréquemment ils se précipitent sur d'infortunés petits poissons.

La manœuvre pour amener un bar à terre est généralement suivie d'épisodes palpitants, car au moment où il se prend à l'hameçon, il file avec la rapidité de l'éclair. Le pêcheur doit vivement baisser la pointe de sa gaule, laisser le bar dérouler la ligne jusqu'à ce qu'il soit fatigué, et enrouler de nouveau la ligne quand le poisson montre des signes de fatigue.

Après une bataille qui souvent dure de 15 à 20 minutes, le bar est suffisamment épuisé pour pouvoir être amené à terre soit avec l'épuisette, soit avec la gaffe.

La victoire toutefois ne reste pas toujours à l'homme, car à moins qu'il ne déploie une très grande habileté, le poisson aura des chances de tourner autour des rochers pointus qui couperont la ligne, ou offriront une résistance suffisante pour arracher l'hameçon de sa mâchoire.

Le bar possédant une nageoire dorsale très pointue, on devra faire attention en le prenant dans la main, car sans cela on pourrait se blesser grièvement.

CHAPITRE VII

LE MULET (*Mugil capito*).

Nous allons nous occuper maintenant d'un poisson qui, outre sa taille et sa force, possède au plus haut degré la perspicacité jointe à la ruse.

Le mulet en aucun cas ne doit être confondu avec le rouget ou le surmulet, avec lesquels il n'a aucune ressemblance, quoique ces derniers appartiennent à la nombreuse famille des Acanthoptérigiens.

En fait, il y a une certaine similitude entre le mulet et le bar, non seulement dans les apparences extérieures, mais encore dans leurs habitudes en général, et les lieux qu'ils fréquentent.

Un bref examen nous révèlera beaucoup de traits distinctifs, dont le plus caractéristique est, chez le mulet, sa petite tête et sa grosse queue. ses écailles larges. argentées, disposées en bandes latérales. alternant en nuances claires et foncées.

Au commencement de ce chapitre, nous faisions allusion à la ruse du mulet. La prise de ce poisson demande en effet de la part du pêcheur une adresse consommée, et, d'une façon générale, l'on peut dire qu'elle est pour le pêcheur maritime, ce qu'est pour le pêcheur d'eau douce la prise du gardon ou de la carpe.

Les grands hameçons et les lignes employés habituel-

lement pour la pêche en mer seront mis de côté et rem-
placés par les lignes en florence fin, mais résistant, car le
mulet atteint souvent de grandes dimensions.

Quant à la question des hameçons, elle est résolue
en une fois, en prenant en considération l'extrême petitesse de la bouche du mulet.

Il est certain qu'ils doivent être d'une dimension pro-
portionnée au poisson, et l'on devra prendre bien garde
que les hameçons soient suffisamment résistants, car ils

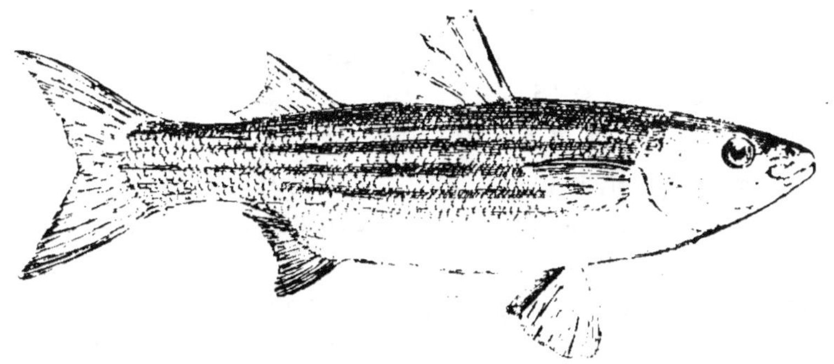

Le mulet (*Mugil capito*).

se briseraient si l'on avait affaire à un poisson de forte
taille.

Quand on fera usage d'une amorce longue, comme
un ver ou un morceau d'entrailles, il sera bon de se
servir de 3 hameçons montés sur le même florence et
ayant un espace de deux centimètres entre eux, comme
l'indique la figure de la page 22.

Cette méthode non seulement présente l'avantage de
donner à l'amorce l'apparence de la vie réelle, mais encore elle multiplie les chances de bien prendre à l'hameçon le poisson, quelle que soit la partie de l'amorce
qu'il saisisse en premier.

Une des meilleures places pour observer les mouvements d'un banc de mulets, c'est l'extrémité d'un môle ou d'une jetée, pendant l'été ou au commencement de l'automne. Là, quand la marée est au point le plus bas, on peut les voir « farfouiller » avec leurs nez les herbes vertes, à la recherche des menus débris qui sont leur principale nourriture. Dans certaines localités ils ont la réputation d'enlever la vase, en en retirant pour leur nourriture les différentes matières animales et végétales qu'elle contient.

A mesure que la marée monte, le mulet se rapproche de la surface de l'eau, s'élançant, de ci, de là, à la poursuite d'insectes aquatiques, presque invisibles, ou bien il happe au passage les mouches, que le vent chasse de terre. C'est à ce moment que le pêcheur doit tenir prêtes ses lignes flottantes, dont le maniement demande une grande dextérité.

Comme son nom l'indique, la ligne flottante est destinée à surnager à la surface de l'eau, de manière que les amorces ne plongent pas à plus de 30 centimètres du niveau; — nous allons en donner la construction. On choisit un bas de ligne en très bonne racine, ayant au moins trois mètres de long, et on l'attache comme d'habitude à l'extrémité du corps de ligne. Cette ligne en racine est terminée par un petit hameçon au-dessus duquel, à 30 centimètres environ, est fixé un morceau de liège de la grosseur d'un pois. A un intervalle de 60 centimètres environ, et cela complètement au bas de la ligne, l'on fixe des morceaux de liège semblables, auxquels sont suspendus des hameçons montés sur racine, ayant 30 centimètres de longueur.

Quand cet appareil flotte sur l'eau, il est bien évident, que le liège restera à la surface, tandis que les bas de ligne, et les hameçons qui y sont suspendus, seront immergés à la profondeur à laquelle le mulet se tient.

Le choix d'une amorce est un point difficile à fixer, surtout lorsque l'on a affaire à un gourmet comme le mulet.

Une bonne amorce, et peut-être la meilleure de toutes, c'est le néréide, dont le corps est garni de poils; on le trouve généralement dans la vase noire des ports et des estuaires.

Dans certaines localités, on trouvera d'autres amorces ayant les mêmes qualités que celles dont on se sert généralement, mais on ne peut en faire usage qu'après les avoir expérimentées.

En tout cas, les substances molles à bases végétales fourniront de très bonnes amorces; le seul désavantage qu'elles présentent, c'est la difficulté de faire tenir à l'hameçon des matières aussi peu résistantes.

Les côtes de feuilles de choux, coupées en menus morceaux et bouillies, ainsi que les pois verts, ont donné d'excellents résultats; un nouvel auteur recommande le macaroni.

Ce dernier doit être cuit comme à l'ordinaire, mais pas trop mou, sinon il se casse, lorsqu'on le fixe à l'hameçon.

Si l'on n'avait pas de macaroni sous la main, la mie de pain ordinaire, ou n'importe quelle pâte à potages, remplirait le même but, mais le peu de consistance qu'elles offrent demandent qu'elles soient manipulées avec la plus grande dextérité.

Le foie de raie ou le foie de chien de mer sont aussi des amorces très appréciées; le mulet ainsi que beaucoup d'autres poissons sont très friands de l'huile que sécrète cet organe.

Cette substance, en raison de son peu de consistance.
tient difficilement à l'hameçon ; aussi, pour la maintenir,
beaucoup de pêcheurs la fixent-ils par un caoutchouc
ou par quelques tours de fil de coton.

Nous pouvons encore recommander la laitance du
hareng et de la sardine, les entrailles de sardines fraî-
ches, la crevette grise ou rose. légèrement bouillie, et
pelée ensuite.

La ligne à flotteurs avec une demi-douzaine d'hameçons, permet d'essayer en une fois toutes les amorces
énumérées ci-dessus, et de fixer son choix sur celle qui
donne le meilleur résultat.

Nous allons supposer maintenant que le pêcheur a
monté sa ligne à flotteurs selon les indications que nous
avons données, et que, gaule en main, il se trouve à
l'extrémité d'une jetée. Aux six hameçons sont six amorces différentes, la marée monte rapidement, un courant
entraîne la ligne. Le pêcheur laisse aller doucement à
l'eau sa ligne, que le courant maintient à la surface.
Une fois le moulinet déroulé, les amorces se trouvent à
une distance de 30 mètres environ de l'endroit où se
tient le pêcheur.

Si le poisson se montre méfiant, on pourra dissiper
ses soupçons en lançant vers les lignes amorcées quelques poignées de mie de pain. En faisant ainsi, les poissons resteront réunis, et probablement cela leur aigui-
sera l'appétit. On peut encore augmenter cet effet. en
mêlant à la mie de pain, une certaine quantité d'entrailles de sardines hachées très fin, ou bien des petits crabes verts écrasés entre deux pierres.

Le pêcheur, en fixant son attention sur les flotteurs
en liège. remarquera facilement la touche du poisson ;
c'est à ce moment qu'il devra ferrer avec fermeté mais

sans mouvement brusque, et amener le poisson dans l'épuisette aussi rapidement que son poids le lui permettra.

Si le temps est froid ou mauvais, et que le mulet semble disposé à chercher sa nourriture dans le fond, on pourra se servir du paternoster ou de la ligne de fond à flotteurs, de la même façon qu'il est indiqué au chapitre précédent.

Il est bien entendu que le bas de ligne doit être en racine très fine, et les hameçons de petites dimensions. En ce qui concerne les amorces, toutes celles mentionnées plus haut peuvent servir.

Si l'on sent un poisson de forte taille (il y en a qui dépassent 6 kilos il faudra l'épuiser graduellement et avec soin; comme il a la bouche très molle, un trop grand effort ferait détacher l'hameçon.

Quand on remarque que le mulet saute hors de l'eau, on peut se servir d'une mouche artificielle, comme celle employée dans la pêche du saumon, de la truite et du bar.

Le meilleur modèle pour la pêche du mulet se compose de la partie verte d'une plume de paon pour les ailes, et de paillon d'argent pour le corps et la tête. Nous avons fait remarquer plusieurs fois que ce poisson était extrêmement farouche, c'est pourquoi on devra prendre de grandes précautions pour s'en approcher. Le pêcheur devra donc remuer le moins possible et éviter le moindre bruit, car le mulet a l'ouïe très sensible. Il prend beaucoup de précautions avant de mordre à l'amorce, et souvent, avant de la prendre, il lui donne un coup de queue pour essayer, puis, si l'envie lui prend de l'avaler, il le fait très lentement.

Le mulet, comme le bar, remonte les rivières pour

aller dans l'eau douce à la recherche des différents petits
crustacés et mollusques, dont il fait sa nourriture. Souvent alors, au bord de la rivière, on peut, avec une
senne, en prendre des bancs entiers, ainsi que des sau-
mons, des truites, des bars et des aloses. Néanmoins, il
arrive aussi souvent qu'enserré dans le filet, tout le banc
saute comme un troupeau de moutons par dessus les
flotteurs, pour reprendre sa liberté.

Le mulet est assez bon poisson de table, mais en
tous cas, il doit être mangé le jour même où il est péché.

CHAPITRE VIII

Le maquereau est un poisson trop connu pour que nous lui consacrions dans cet ouvrage une description détaillée.

Son corps élancé aux formes gracieuses, sa queue large et fourchue, donnent bien l'idée de la force jointe à la vitesse.

Quand il est exposé sur le marbre de la poissonnerie, ses écailles reflètent encore les couleurs de l'arc-en-ciel, mais ces couleurs diminuent d'intensité à mesure que la vie se retire. La femelle a de plus jolies couleurs que le mâle : les rayures du dos, au lieu d'être droites, ont une forme ondulée.

C'est un poisson qui vit par bancs très nombreux ; son poids moyen varie de cinq cents grammes à un kilo, mais il arrive quelquefois que l'on pêche des solitaires pesant plus du double. En hiver, il s'enfonce dans les eaux profondes, et, dès que l'été arrive, il se rapproche des côtes, où il est attiré par des bancs de tout petits poissons, qu'il dévore avec avidité. Si à cette époque, et par un temps calme, on se trouve près de la côte, on s'imagine voir des rochers dans différentes directions, par dessus lesquels la mer passe en se brisant douce-ment. Ces masses noires sont des bancs de maquereaux qui se précipitent avidement sur les proies qui leur servent de nourriture ; c'est le bon moment pour la pêche.

Pour la pêche à la surface de l'eau, on peut se servir
de la mouche artificielle, et pour celle entre deux eaux
d'amorces artificielles ou naturelles.

Les deux méthodes sont bonnes, et peuvent être mises

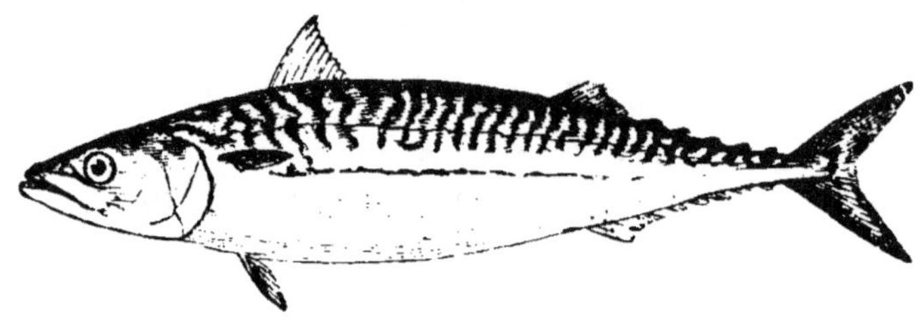

Maquereau (*Scomber*).

en pratique si l'on pêche à bord d'un bateau, mais il
arrive quelquefois que le poisson s'approche assez près
pour qu'il puisse être pris du haut d'une jetée, ou des
murs du port.

Pêche à la mouche artificielle.

Le maquereau n'étant pas un gourmet comme la
truite, mais un gourmand, n'importe quel genre de
mouche sera bon à cet usage; par exemple, celle qui est
faite avec les plumes de paon. Nous en avons donné,
dans le chapitre précédent, une description détaillée.

La gaule devra être flexible et d'une longueur de
3ᵐ,5o environ; la ligne, en racine de moyenne grosseur,
ne devra pas avoir plus de deux mètres de longueur.

Ce genre de pêche ne peut être mis en usage, que si
le poisson nage à la surface; on en prendra alors une
grande quantité, en fort peu de temps.

Pêche à l'amorce artificielle.

Ce genre est le plus usuel, et se fait à bord d'un canot à rames ou d'un canot à voiles, marchant doucement. Si la vitesse du canot est trop grande, on ne pourra pas faire usage de la gaule, car celle-ci ne pourrait pas résister à la charge de plomb qui est nécessaire pour amener l'amorce à la profondeur voulue et se romprait infailliblement.

Le maquereau se jette sur n'importe quel objet qui brille, et qui se meut rapidement dans l'eau, pourvu qu'il ne soit pas trop grand.

Tous les genres d'amorces à hélice ont le don de l'attirer, mais plus particulièrement celui qui se compose d'une amorce artificielle et d'une amorce naturelle; en voici la description. Vous prenez un maquereau que vous découpez obliquement en morceaux de cinq à sept centimètres de long, de la nageoire dorsale au ventre, et vous piquez un de ces morceaux à l'hameçon triangulaire qui termine l'hélice.

Beaucoup de pêcheurs se servent d'un morceau de tuyau de pipe en terre d'une longueur de sept centimètres environ. Ils font passer le fil à travers le tuyau de manière que la palette de l'hameçon soit engagée dans le trou du bas.

La ligne doit être lestée d'un poids suffisant pour qu'elle puisse plonger à la profondeur voulue; elle varie selon le niveau dans lequel nagent les poissons. La ligne devra également être montée sur trois ou quatre émerillons, car sans cette précaution, le pêcheur la trouvera enchevétrée de telle façon, qu'il ne pourrait pas la démêler.

Pêche à l'amorce naturelle.

La meilleure amorce naturelle pour la pêche au maquereau, est un morceau de sa propre chair coupée en fines tranches et fixée sur l'hameçon d'une ligne à traîner, placée à l'arrière d'un canot. On le prend quelquefois avec les mêmes amorces (vers, sardines, harengs) que celles qui servent à la pêche du colin et des autres poissons qui s'approchent des côtes.

Le maquereau se prend parfois avec de grandes lignes de fond : les poissons solitaires sont généralement d'un poids supérieur à ceux qui vivent par bancs. — Les pêcheurs de profession se servent du filet flottant ou de la senne ; le premier est mis en usage au commencement de la saison, quand le poisson est encore à quelques kilomètres du bord, le second à l'époque où les bancs s'approchent des côtes à fond sableux. Si l'on se sert de sennes, dans des fonds parsemés de pierres, ces sennes s'enchevétront inévitablement dans les herbes et dans les galets, qui finiront par les rompre.

En résumé, le maquereau est un poisson qui mérite bien d'attirer l'attention du pêcheur maritime ; les meilleures amorces pour le prendre sont la mouche artificielle, ou l'amorce à hélice.

Il vaut mieux pêcher d'un bateau que d'une jetée, ou du haut des murs d'un port. Les mois les plus favorables sont de juin à septembre.

CHAPITRE IX

LE LIEU *Gadus Pollachius*. — LE CHARBONNIER
Gadus Carbonarius.)

La similitude entre ces deux poissons est telle que
nous leur consacrons un seul et même chapitre. Ils se
ressemblent tant par les apparences extérieures, les lieux
qu'ils habitent, que par leurs mœurs et leur nourriture.

Le lieu est le plus commun des deux; c'est un poisson puissant et vorace, son poids peut varier entre un
demi et dix kilos, mais son poids moyen n'excède pas
6 kilos.

Son dos est d'une nuance olive, qui varie d'intensité,
passant du clair au foncé, selon la profondeur dans laquelle se meut le poisson. Remarquons en passant que
ce phénomène que nous venons d'observer s'applique à
presque tous les poissons.) Le ventre est d'une nuance
verdâtre, qui devient argentée à mesure qu'elle s'approche du dos.

Le charbonnier est souvent d'un poids plus élevé que
le lieu, il atteint parfois de 14 à 15 kilos. Sa forme est
la même, que celle du lieu; comme ce dernier, il a le
dos vert noirâtre, mais il a les lignes latérales plus mar-
quées et le ventre plus argenté.

Cette espèce est moins répandue que le lieu, elle se rencontre plus spécialement sur les côtes nord de la France.

Un trait particulier de ces deux poissons, c'est que leurs mâchoires inférieures sont plus longues que leurs mâchoires supérieures. Comme ordre de classement, on peut les ranger entre la morue et le merlan. A l'avenir, et pour plus de facilité, nous nous occuperons du lieu seulement, car ce que nous dirons de sa pêche s'applique également à la pêche du charbonnier.

Le lieu se rencontre généralement le long des côtes

Le Lieu (*Gadus Pollachius*).

rocheuses, et des falaises semées de récifs qui s'enfoncent perpendiculairement dans l'eau. Il a pour habitation favorite les bancs de rochers, un peu éloignés de terre et couverts d'une assez forte marée.

On prend quelquefois des petits lieux en péchant du haut des jetées, mais les gros se tiennent généralement dans les endroits que nous venons d'indiquer.

On se sert pour cette pêche des mêmes engins que pour celle du maquereau, c'est-à-dire la volée, l'amorce naturelle et l'amorce artificielle. La gaule devra néanmoins être plus résistante, car le lieu de forte taille, une fois qu'il se sent accroché à l'hameçon, a la détestable habitude de piquer une tête dans le fond de la mer et de s'enfoncer dans les masses visqueuses des herbes marines. Lorsque ce cas se présente, la ligne est tellement embrouillée, qu'elle est hors d'usage et le poisson perdu.

Le seul moyen de parer à cette éventualité, c'est de prendre une gaule assez solide pour résister aux efforts furieux que fait le poisson pour fuir.

Pêche à la volée.

Cette pêche se fait généralement au déclin du jour, quand une fraîche brise ride la surface de l'eau. Le poisson pris à ce moment-là, ne sera pas de forte taille, mais si le pêcheur est assez heureux pour rencontrer un banc de lieux, ce qui n'est pas rare à ce moment de la journée, il pourra en prendre aussi souvent et autant de fois qu'il lancera sa ligne dans l'eau. La mouche devra être semblable à celle en usage pour la pêche du bar, c'est-à-dire ailes blanches avec le corps rayé en paillon rouge et argent, Cette pêche se fait généralement à bord d'un bateau et souvent avec succès, du haut d'une jetée ou d'un rocher. On pourra attacher deux mouches à la même ligne, à trente centimètres l'une de l'autre; elle devra être lancée au loin, puis ramenée doucement sur l'eau vers le pêcheur. Le poisson, en mordant à l'amorce, nage perpendiculairement en montant et en descendant.

Pêche à l'amorce artificielle.

La nourriture préférée du lieu est le lançon. Ce petit poisson nage en bandes, généralement à la surface de l'eau, et on peut l'imiter de la façon suivante. Prenez un morceau de racine mesurant un mètre de long, attachez un hameçon moyen à chaque extrémité : l'hameçon à chas dont on se sert pour l'anguille d'eau douce répondra parfaitement à ce but. Puis, doublez la racine de manière que la boucle ainsi formée, puisse se nouer à la ligne, et que les deux hameçons soient à une distance de dix centimètres environ l'un de l'autre. Afin que la ligne reste bien jointe, on la réunira par un ou deux nœuds. Vous prenez ensuite deux bracelets en caoutchouc plat, ceux dont on se sert pour serrer des paquets ou mettre autour des liasses ; cassez-les à la jointure et fixez-les à l'hameçon, en ayant soin que la pointe dépasse. Ces bracelets devront avoir une longueur de sept à huit centimètres, et pourront être de couleur rouge ou blanche. — La résistance de l'eau, jointe à la tendance que possède le caoutchouc, à se tourner en spirale, donneront une telle illusion, que les jeunes lieux prendront cette imitation pour un poisson qui frétille.

Pour les gros plus spécialement, voici une autre manière de confectionner une amorce artificielle. — Prenez un tuyau en caoutchouc d'environ douze à quinze centimètres de long, et avec des ciseaux coupez-le en sifflet, de manière que l'extrémité soit un peu allongée, passez ensuite dans l'intérieur un hameçon un peu long de tige, de manière que le haut ressorte du tuyau, fixez-le par quelques tours de fil ou de soie cirée, attachez-y un émerillon et l'appareil est complet. Au besoin, on peut ajouter encore un ou deux émerillons à peu de distance l'un de l'autre, et au-dessus de l'amorce.

Il existe encore diverses imitations d'amorces artificielles, mais les meilleures, très certainement, sont celles que nous venons d'indiquer. Elles peuvent être mises en usage, soit en pêchant à la traîne quand on est en bateau, ou bien du bord de l'eau. Il ne faut pas oublier que le lieu nage entre deux eaux ou près de la surface et que, par conséquent, la plombée ne doit pas être trop lourde.

Si vous êtes dans un canot, laissez dérouler trente mètres de ligne environ, et ramez doucement autour de l'endroit où vous supposez que les lieux se trouvent; la direction de la nage devra être contre le courant de la marée.

On devra avoir toujours sous la main une petite gaffe, et surveiller attentivement sa ligne pour qu'elle ne s'embrouille pas autour des cordes qui sont attachées aux flotteurs des tambours à crabes et à homards.

Amorces naturelles.

Nous les classerons par ordre de mérite : 1" les lançons vivants ou morts; 3" l'arénicole; 3" la néréide; 4" les morceaux de sardines, de harengs, de maquereaux et d'autres poissons. Ces amorces peuvent être lancées dans l'eau de la même manière que l'amorce artificielle, mais on n'en fait pas souvent usage, car si le poisson est en appétit, l'on est trop souvent obligé de les renouveler.

Le lieu est un poisson très commun sur les côtes ouest de l'Europe; on le rencontre souvent dans la Manche. — La chair ne vaut pas grand'chose, car elle est molle et aqueuse, à moins que l'on ne mange le poisson dès qu'il sort de l'eau.

CHAPITRE X

Les labres forment un groupe qui intéresse les amateurs et les naturalistes; leur chair néanmoins a peu de valeur au point de vue comestible.

Chaque membre de cette nombreuse famille présente certains signes caractéristiques dans la forme des lèvres, et dans la disposition de leurs dents pharyngiennes. Cette famille est également remarquable par la diversité et la richesse de ses couleurs.

Une demi-douzaine d'espèces se trouvent sur nos côtes, et quoique se ressemblant dans leurs lignes générales, elles présentent, chacune, des signes particuliers tellement déterminés qu'il est bien difficile de faire confusion.

On peut facilement déterminer les mœurs de ces poissons et les lieux qu'ils habitent à l'inspection de leurs lèvres; elles sont épaisses et saillantes en même temps que la bouche est petite et forte.

Les dents sont nombreuses et pointues, et une seconde rangée est située dans le fond du pharynx. Cette disposition permet aux labres de saisir les mollusques et les crustacés, qui composent le fond de leur nourriture, et de les broyer; on les trouve rarement en dehors des endroits rocheux et des pierres des jetées.

La vieille est le type le plus grand de cette classe, elle atteint parfois le poids de quatre kilos, et offre un excellent sport à l'amateur de la pêche à la ligne. Son corps est brun rougeâtre parsemé de points blancs rapprochés les uns des autres; sa queue et ses nageoires sont souvent d'un beau vert foncé, enfin tout le poisson offre un agréable coup d'œil.

La Vieille (*Labrus maculatus*.

Comme il se débat avec violence une fois pris à l'hameçon, une forte ligne et une canne solide sont nécessaires, car il plonge dans les crevasses des rochers et réussit souvent, par ce moyen, à couper la ligne.

Si le bord de l'eau est assez profond et si le pêcheur, a découvert à marée basse une bonne place sur des rochers, il trouvera le poisson à proximité du rivage.

La bouche du labre étant petite, il faudra choisir des hameçons plutôt fins, et en même temps une ligne capable de résister à ses dents acérées.

On se servira d'une flotte afin que l'amorce soit éloignée du fond, et puisse indiquer en même temps les touches du poisson.

Les meilleures amorces sont : en première ligne, le ver de vase ordinaire, puis les petits crabes, la crevette grise, les crustacés, les anémones, les moules, en un mot tous les êtres qui vivent dans le voisinage des rochers.

Il faut noter qu'on prend rarement le labre à l'amorce artificielle ou même avec un morceau d'un autre poisson.

Si l'eau est trop profonde ou la marée trop forte pour que l'on puisse se servir de la flotte, on aura recours au *paternoster*, dont nous avons déjà donné la description.

Avec ce genre de ligne, si le poisson est abondant, on aura la chance d'en prendre deux ou trois à la fois, selon la quantité d'hameçons employés.

Parmi les petites variétés, nous indiquerons spécialement le labre mêlé *Labrus mixtus*, ainsi nommé à cause de l'extrême beauté de ses formes. Sa couleur ordinaire est orange vif rehaussée par des raies bleu-clair; — les nageoires sont bordées d'un rouge vif; c'est certainement le plus beau poisson qui vit sur nos côtes. — On le pêche souvent à d'assez grandes profondeurs, et principalement quand on pêche le merlan à bord d'un bateau.

Le labre vert (*Labrus lineatus* est un poisson que l'on rencontre ordinairement sur nos rives, ainsi que beaucoup d'autres dont les nuances vont du rouge écarlate au brun foncé.

Nous avons dit au commencement de ce chapitre que les labres n'étaient guère des poissons de table; néanmoins les pêcheurs en mangent quelquefois, mais ils s'en servent plus souvent pour amorcer leurs tambours à crabes et à homards.

Ce poisson est très abondant dans la Méditerranée, où les pêcheurs le considèrent comme un véritable fléau, car il a la détestable habitude de dévorer les amorces destinées aux mulets et aux bars, qui sont, eux, des poissons de prix.

Cependant, pour le pêcheur amateur, qui est monté en vue de ce genre de pêche, la prise du labre constitue toujours un sport agréable et intéressant, surtout à cause de la beauté du poisson.

CHAPITRE XI

LE FLET ou FLEZ (*Platessa Flesus*). — LA LIMANDE
(*Platessa Limanda*).

Ces deux genres de poissons sont quelquefois pris par
le pêcheur à la ligne, mais cette capture est plus souvent
accidentelle qu'intentionnelle.

A côté de ressemblances nombreuses dans leur aspect
extérieur, le flet et la limande présentent entre eux,
au point de vue des mœurs des différences considérables.

Le flet se plaît dans les eaux saumâtres, et remonte
souvent dans les rivières au-delà des endroits où la
marée se fait encore sentir; la limande au contraire ne
se trouve généralement que dans l'eau de mer pure.

Au point de vue culinaire, la limande a une plus
grande valeur; on la distinguera facilement aux aspérités de la peau du dos, et à l'absence complète de visco-
sité; le dessus est brun ombré.

Le flet, au contraire est noir, a la peau molle et les
nageoires dorsales et anales, entre le milieu de la tête et
de la queue, assez développées.

Comme tous les pleuronectes ou poissons plats sé-
journant sur les fonds de sable, le flet et la limande ne
se tiennent guère qu'à quelques centimètres au-dessus
de ces fonds. C'est pour cette raison que les amorces

doivent être placées sur ces fonds mêmes, et que l'on doit se munir d'une ligne spéciale.

Celle dont on se sert généralement, est un paternoster renversé, c'est à dire que le plomb, au lieu d'être placé au bout de la ligne, devra se trouver à quelques centimètres au dessus du premier hameçon.

L'appareil ainsi organisé repose entièrement sur le fond et les amorces sont alors parfaitement placées pour attirer l'attention du poisson. Beaucoup de pêcheurs se servent de six à huit hameçons, mais on devra éviter cette disposition, qui non seulement présente l'inconvénient d'obliger le pêcheur à garnir fréquemment ses hameçons, ce qui à la longue, devient un travail, mais qui encore multiplie les chances d'enchevêtrement.

La meilleure amorce, pour le flet et la limande, est l'arénicole que l'on trouve en bêchant dans la vase des ports et des estuaires.

Puis viennent ensuite, au second rang, comme qualité, un morceau de hareng ou de sardine; souvent même on pêche avec succès avec des crevettes ou des crustacés.

Le ver de terre ordinaire ou lombric peut au besoin les remplacer; il attire le flet principalement à l'époque où il remonte dans l'eau douce des rivières, où lors qu'il se trouve dans les eaux saumâtres.

Nous ferons observer en passant qu'une petite limande de 8 à 10 centimètres est une excellente amorce pour le bar, et d'autres gros poissons.

On l'emploie vivante et l'on fait pénétrer par la bouche un hameçon de dimension convenable, que l'on fait ressortir ensuite par la branchie.

Ce don qu'a la limande d'attirer le poisson lui vient de ce qu'une fois en mouvement, elle présente tour à tour un côté blanc et un côté noir.

La limande et le flet ont rarement plus de trente centimètres de long; on en a vu cependant quelques-uns
dépasser cette taille.

Étant donnés la petite bouche de ces poissons et
l'absence de grosses dents chez eux, on devra se servir
de petits hameçons et l'on pourra sans crainte employer
des lignes très fines.

CHAPITRE XII

La première partie de cet ouvrage, que nous avons consacrée au pêcheur à la gaule, se termine par l'énumération des différents poissons qu'il peut avoir la chance de rencontrer dans une partie de pêche.

Le trigle grondin (*Triglia*).

Les types de cette famille sont très variés et extrêmement abondants le long de nos côtes. L'espèce la plus commune est verte dessus, blanche en dessous, et tirant sur le rouge brunâtre vers les extrémités.

Sa conformation est digne d'attention, à cause de son énorme tête qui est presque carrée, et ses ouïes et branchies qui sont garnies d'une grande quantité de piquants qu'il semble avoir le pouvoir de redresser.

Un trait caractéristique de ce poisson, c'est l'adjonction de trois appendices musculeux de chaque côté des nageoires pectorales, soit pour nager soit pour ramper.

Quand on le sort de l'eau, il fait entendre un cri spécial, une sorte de grognement guttural, d'où vient très probablement son surnom de grogneur, grognard, grondin.

Ce poisson se prend à n'importe quel genre d'amorce et, comme quelques espèces atteignent une certaine taille, il offre un sport très agréable au pêcheur à la ligne.

Il fréquente les fonds de sable, et souvent du haut

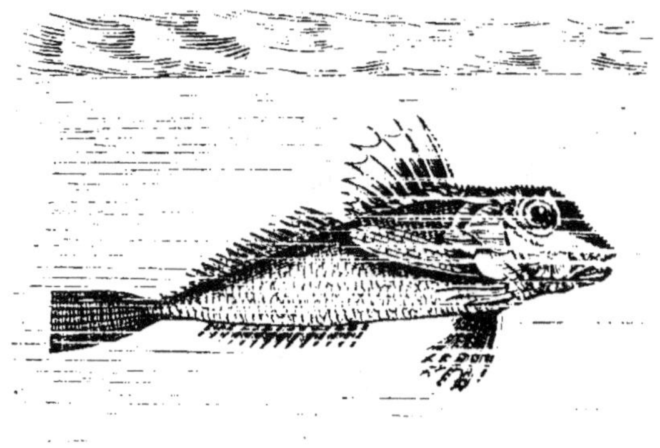

Le Trigle grondin (*Triglia*).

des jetées, on peut le prendre à la marée montante.

Une très belle espèce est le trigle hirondelle (*Triglia hirundo*) dont la couleur est rouge vif, avec des grandes nageoires pectorales d'un bleu azuré, comme les ailes d'un papillon.

La dorée ou Saint Pierre (*Zeus faber*).

Ce poisson n'est pas souvent capturé par le pêcheur amateur, mais si ce dernier est assez heureux pour faire

une telle prise, il peut se considérer comme particulièrement heureux.

Bien que la dorée soit un des plus grotesques parmi

La Dorée *ou* Saint-Pierre *(Zeus faber)*.

les habitants de la mer, sa chair est peut-être plus délicate que celle de beaucoup d'autres poissons.

Elle nage lentement, se cache généralement dans les

fissures des rochers d'où elle se précipite sur les petits poissons sans méfiance qu'elle engloutit dans sa vaste gueule. Elle a en outre le don remarquable de pouvoir projeter ses lèvres à une distance de cinq centimètres environ en avant de sa bouche, ce qui augmente encore sa laideur naturelle. Elle a une tache noire de chaque côté du corps.

« Les Arabes racontent, à l'occasion de la Dorée, qu'elle était au nombre de poissons que prit saint Pierre : mais qu'ayant poussé un cri plaintif en sortant du filet, Pierre, touché de compassion, la prit entre les opercules et la nageoire dorsale et la remit à la mer en lui disant : « Va rejoindre ta famille ». Ils croient que la trace des doigts du saint est restée sur le poisson. D'ailleurs ils ignorent qu'il n'y a pas de Dorée dans la mer de Thébaïde (1). »

La dorée s'empare quelquefois de petits poissons accrochés à l'hameçon. et si le pêcheur a un peu de savoir-faire, il pourra, au moyen de l'épuisette, ramener à la surface le vainqueur et sa capture.

Sa couleur est brune olivâtre. Son corps est large et comprimé, comme celui d'un poisson plat.

L'éperlan (*Osmerus Eperlanus*).

C'est un poisson qui est bien connu et que nous voyons souvent sur notre table, il abonde sur nos côtes, à certaines époques de l'année. En raison de sa petite taille, on peut le pêcher avec les hameçons les plus fins. amorcés avec de petits morceaux de ver ou de crustacés.

(1) *Dictionnaire des pêches*, page 246.

Il y a un autre petit poisson qui ressemble beaucoup à l'éperlan, quoique présentant avec ce dernier, au point de vue ichtyologique, une différence assez grande. C'est l'athérine roseré (*Atherina presbyter*) ou faux éperlan, joli petit poisson qui offre aux enfants une pêche facile. C'est, en effet, par centaines que ces der-

Éperlan *Osmerus Eperlanus*.

niers les prennent, pendant la saison d'été, du haut des murs des quais, et armés d'une épingle recourbée, attachée au bout d'une ficelle. — L'athérine se distingue facilement du vrai éperlan par les aspérités de sa nageoire dorsale.

L'orphie ou aiguillette (*Belone*).

Ce poisson aux formes curieuses, se fait souvent prendre, quand on pêche, à bord d'un bateau, à l'amorce artificielle, les bars ou les colins. A première vue on le

prend souvent pour une anguille, car il mesure généralement 1 m. de long sur 0.05ᶜ de diamètre. Sa tête est
remarquable; elle rappelle le bec de la bécasse. Exté-
rieurement, l'orphie est argentée, mais, si on lui ouvre
le corps, on remarquera que les arêtes sont d'une nuance
verdâtre. Découpée en petits morceaux, elle constitue
une très bonne amorce pour le colin et d'autres poissons.
Quand elle sort de l'eau, elle répand une odeur parti-

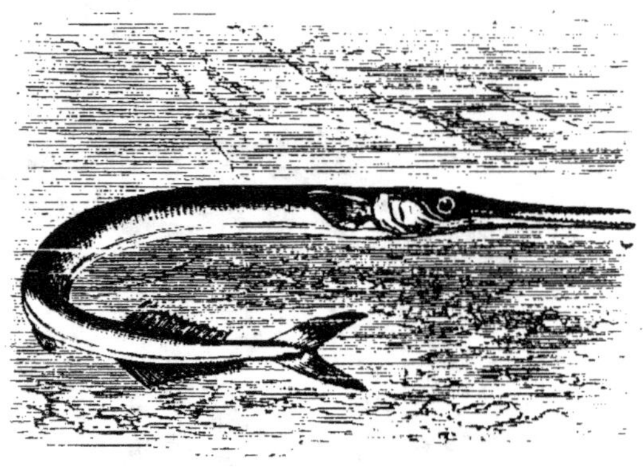

Orphie ou aiguillette (*Belone*).

culière que beaucoup de personnes comparent au thym
sauvage. En temps calme, on peut souvent voir l'orphie
s'amusant à sauter par dessus un bout de bois ou tout
autre objet flottant à la surface; c'est un poisson soli-
taire, on ne le trouve guère par bandes.

L'alose (*Clupea alosa*).

L'alose est un poisson anadrome ou migrateur, qui
appartient à la famille des harengs. Au printemps et au
commencement de l'été, elle abonde dans les rivières,

où on la prend en disposant des filets pour les inter-
cepter. Elle se pêche à la ligne dans les estuaires, et
quelquefois en mer. L'hameçon devra être petit, et
comme amorce on se servira de sardine ou de tout autre

Alose (*Clupea alosa*).

poisson. L'alose mord souvent à la mouche; on pourra
facilement en prendre avec cette amorce, en lançant la
ligne d'une jetée ou d'un bateau. Sa chair est très estimée,
et ses œufs sont considérés par les gourmets, comme
étant d'une grande délicatesse.

La Rascasse (*Cottus bubalis*).

Petit poisson, à l'extérieur hérissé, qui se prend

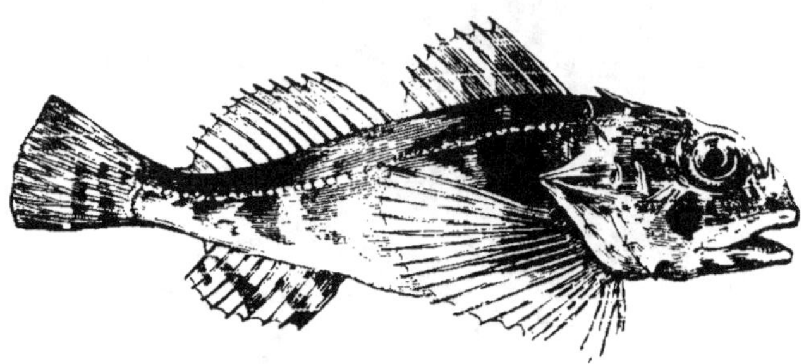

Rascasse (*Cottus bubalis*).

fréquemment dans le voisinage des rochers et des jetées.

DEUXIÈME PARTIE

PÊCHE EN EAU PROFONDE

———

CHAPITRE PREMIER

Lignes à main.

Quand nous nous éloignons des côtes et des eaux basses, à la recherche des poissons que nous ne pouvons trouver qu'à de grandes profondeurs, il est évident que nous devons abandonner la canne à pêche. C'est un instrument trop délicat, qui ne répond plus aux besoins de ce genre de pêche.

Néanmoins quelques personnes préfèrent enrouler au moulinet une cinquantaine de mètres de ligne, chaque fois qu'une touche se fait sentir. L'engin connu par tout le monde sous le nom de ligne à main ou ligne à soutenir, est bien plus commode et plus expéditif.

Comme son nom l'indique, cette ligne consiste tout simplement en une forte corde terminée par un hameçon, et immergée par un plomb de sonde.

Le pêcheur, qui est à bord d'un bateau, la tient à la

main, et se fie à la sensibilité de son toucher pour sentir quand le poisson mord à l'hameçon.

Ce genre de pêche, qui de prime abord semble être monotone comparé aux autres méthodes indiquées dans les chapitres précédents, demande de la part du pêcheur une somme considérable de dextérité, jointe à une grande finesse de toucher.

Il ne suffit pas seulement de ramener un poisson à la surface de l'eau par la simple force, mais encore il faut toujours être prêt à résister aux efforts d'un gros poisson, et, par une patience à toute épreuve, savoir le ramener dans le bateau.

La pêche en eau profonde ne se pratique généralement que dans certains endroits, où l'expérience a fait reconnaitre l'abondance du poisson.

Ces endroits sont bien connus des pêcheurs de profession, qui les reconnaissent au moyen de repères, en prenant pour base certains points fixes de la côte.

Prenons comme exemple des choses bien en vue. Une ligne droite allant d'une église à un moulin à vent et une autre ligne droite allant d'un arbre à une pointe de rocher ; nous trouverons que le point d'intersection se trouvera environ au bon endroit, pour y faire notre pêche.

Si le fond est uni, on maintiendra le bateau en place, au moyen d'une ancre ou d'une grosse pierre, mais si au contraire il se trouve sur un fond parsemé de roches, on se servira d'une ancre à plusieurs branches nommée grappin.

Ce grappin se compose de crochets en fer souple, reliés entre eux, ce qui lui permet de ployer et de résister en même temps à la tension produite par le bateau. Il n'y a donc aucun risque à courir de perdre l'ancre, si elle mouille dans un endroit rocheux.

La ligne à main est généralement enroulée sur un cadre en bois, ou planchette carrée. Elle est formée d'une forte corde, et mesure environ cent mètres de long.

L'épaisseur de la ligne varie de 3 millimètres à 6 millimètres, selon le poids du plomb, dont on se sert pour faire descendre l'amorce au fond de l'eau.

La plombée devra être suffisament lourde, afin de pouvoir résister aux marées que l'on rencontre à deux ou trois kilomètres de terre.

Dans quelques localités. il est nécessaire, à l'époque des grandes marées, que le plomb de sonde pèse au moins de 4 à 6 livres, de manière que les amorces ne s'éloignent pas du fond.

A l'époque des basses marées, des plombs de 1 à 3 livres suffiront, selon la profondeur de l'eau et la force de la ligne.

Il ne faut pas oublier que, naturellement. une ligne forte offre une plus grande résistance contre la marée qu'une ligne fine, et que par conséquent on devra bien choisir la ligne qui conviendra le mieux au genre de poisson que l'on espère prendre.

La ligne à main, comme nous l'avons expliqué, est dans le premier cas, terminée par un plomb de sonde.

Au dessous du plomb de sonde, on attache un bas de ligne un peu plus fin, auquel les hameçons sont fixés.

Cette seconde ligne aura une longueur de 1^m50 à 2 mètres au-dessous du plomb de sonde, et sera attachée au gros corps de ligne, de manière que l'hameçon en soit à une distance suffisante.

Parfois, on ajoute un deuxième hameçon au-dessus de celui qui est à l'extrémité de la ligne ; on pourra y mettre une amorce différente.

Le bas de ligne peut être fait en chanvre ou en lin, mais une florence triple est préférable.

Si les parages se trouvent fréquentés par les chiens de mer ou les raies, il sera bon de garantir par un fil de laiton les quelques centimètres de ligne qui sont au-dessus des hameçons.

Il y a encore d'autres dispositions de plombs de sonde et d'hameçons qui souvent sont mises à profit par les pêcheurs de profession.

Une des principales modifications consiste à faire passer un fort fil de laiton à travers le plomb de sonde, et d'attacher les hameçons aux deux extrémités.

Cette dernière méthode a l'avantage d'empêcher les hameçons de s'entremêler ; néanmoins, elle présente un grand désavantage : son extrême visibilité, qui l'expose à effrayer le poisson, si ce dernier est enclin à la méfiance.

Un troisième genre de ligne est le paternoster, il est inutile d'en donner ici une nouvelle description.

Dans cette dernière disposition il est bien entendu que le plomb de sonde termine le bas de l'avancée, et que les hameçons sont suspendus au-dessus, à des intervalles réguliers.

Pendant que le bateau est à l'ancre, et que le pêcheur est occupé avec sa ligne à main, il sera utile de lancer à l'eau une ligne légère, connue sous le nom de ligne flottante. Comme son nom l'indique, cette ligne est légèrement plombée ; elle est destinée à capturer les gros poissons qui, rôdant dans le voisinage, avalent aussi bien les poissons que les amorces qui leur sont destinées.

Par suite de l'absence des gros plombs de fond, la ligne flottante a une longueur double à celle de la ligne de fond ordinaire, ce qui permet de la laisser entraîner par la marée aussi loin qu'on le désire. Cette ligne devra être garnie de plombs légers, à un intervalle de cinq à six mètres l'un de l'autre; un fort hameçon la termine.

Les meilleures amorces pour ce genre de ligne sont deux sardines ou un morceau de sèche; on prendra avec cela de grandes morues, des colins, des merluches et des lingues. Pour pouvoir facilement ressentir la touche d'un poisson, on fixera la ligne au moyen d'un nœud à l'un des cordages du canot. Quelques personnes y attachent une clochette et s'amusent à l'entendre tinter, chaque fois qu'un poisson mord à l'hameçon. Si le temps est froid, et que les doigts soient trop engourdis pour tenir la ligne à la main, on pourra faire usage d'un rouleau mobile, ayant la forme d'un énorme moulinet. Il devra être fixé sur le plat-bord d'un des côtés du canot, et actionné par une manivelle. Nous allons maintenant donner la description des poissons que l'on trouve dans les eaux profondes et indiquer les meilleures amorces, les meilleurs lieux de pêche, et le genre de ligne que l'on devra employer.

CHAPITRE II

Au point de vue commercial et alimentaire, la morue tient le premier rang.

Sa pêche occupe non seulement les pêcheurs qui sont sur les côtes, mais tous les ans des flottes nombreuses et bien outillées quittent nos ports pour les mers du Nord.

Les uns se dirigent sur Terre-Neuve, les autres vont en Islande et en Norvège. A la fin de la saison, ils reviennent tous avec de grandes quantités de poissons salés, de l'huile et d'autres sous-produits.

La morue est un membre de la grande famille des malacoptérygiens ou poissons aux nageoires molles; ces dernières ainsi que les opercules sont dépourvus de piquants.

En Europe, la morue séjourne sur les côtes Ouest, et se rencontre souvent en automne et pendant les mois d'hiver dans la mer de la Manche, plus spécialement.

Les adultes préfèrent les eaux profondes, tandis que les jeunes morues se cantonnent à l'entrée des ports, et à l'embouchure des estuaires. Dans ces endroits-là, les pêcheurs à la ligne les prennent en grand nombre.

Mais quand il s'agit de pêcher des morues de vingt à trente livres, il faut prendre un bateau et se munir

E .d'un équipement semblable à celui des pécheurs de profession.

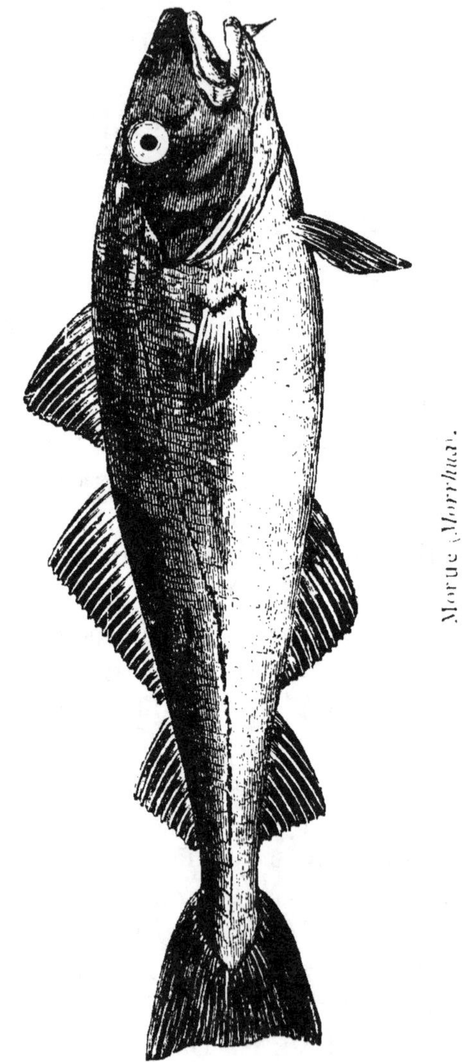

Morue (*Morrhua*).

La ligne, comme nous l'avons indiqué, doit être, pour
les eaux profondes, d'une force supérieure, et les hame-

çons proportionnés à la grandeur de la bouche de la morue.

Les personnes qui ont l'habitude de ce genre de pêche, auront remarqué la grande disproportion de la tête par rapport aux autres parties de son corps.

Cette particularité est du reste commune à presque tous les membres de cette famille.

L'hameçon devra donc être de la grandeur maximum, c'est-à-dire d'une longueur de 9 à 10 centimètres, et la courbe entre la pointe et la hampe de 4 à 5 centimètres.

Cet hameçon est monté sur une ligne plutôt fine et d'une longueur de 1 mètre 50 à 2 mètres; celle-ci est elle-même raccordée au corps de ligne par le plomb de sonde où elle est attachée.

Le poids du plomb de sonde variera entre deux et six livres, selon la force de la marée. Mais si l'on désire se servir d'une ligne légèrement plombée, il sera nécessaire de dérouler une longueur de ligne suffisante, pour que l'amorce soit immergée à la profondeur voulue.

La morue se nourrit de tout ce qu'elle trouve sur son chemin; tous les genres d'amorces peuvent donc être employés pour sa pêche.

Généralement les pêcheurs de Terre-Neuve amorcent leurs longues lignes dormantes avec des coquillages. Quand ils ne peuvent s'en procurer, ils se servent de morceaux de poissons tels que harengs, sardines, lançons, sèches, etc., etc.

En général, la morue se nourrit de crabes et d'autres crustacés; leurs dures carapaces sont promptement dissoutes par la puissance de ses sucs gastriques.

Le Merlu (*Gadus Merlucius*).

Ce poisson se prend fréquemment quand on pêche la morue et il est beaucoup plus redoutable que cette dernière.

Ses mâchoires sont garnies de dents fortes et pointues. Le pêcheur muni d'une ligne fine peut s'estimer heureux, si, en le pêchant, il ne perd pas ligne et poisson.

Le merlu suit toujours les bancs de harengs et de sar-

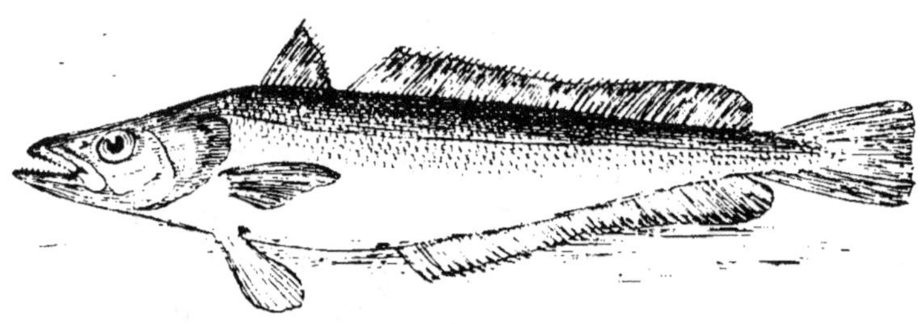

Merlu (*Gadus Merlucius*).

dines, où il fait de grands ravages ; mais souvent aussi il est victime de sa voracité, car en poursuivant ces bancs. il s'empêtre dans les filets destinés à ces poissons. Lorsque l'on pêche spécialement le merlu, on se sert de l'hameçon de forte taille ; l'empile devra être garantie par un fil de laiton, afin de pouvoir résister à ses dents formidables.

Le merlu est un assez bon poisson de table, son poids atteint quelquefois vingt livres.

La Lingue (*Lota Molva*).

La conformation de ce poisson est assez remarquable; son corps est long, et rappelle un peu celui du serpent ou de l'anguille.

Sa parenté avec la morue est facilement reconnaissable au barbillon qui se trouve à sa mâchoire inférieure.

La lingue a les mêmes mœurs que le merlu; elle suit

Lingue (*Lota Molva*).

tous les bancs de poissons migrateurs qui s'approchent des côtes, et dont elle fait sa proie.

Pour cette pêche, on se servira des mêmes lignes et des mêmes amorces que pour la morue et le merlu, c'est-à-dire de petits poissons, morceaux de sardines, crabes, coquillages, sèches.

Si l'on pêche avec une ligne à main, et que l'on prenne un poisson de forte taille, il faudra user de précaution, car, si le pêcheur n'a pas une canne souple et capable de résister à ses défenses, une secousse trop violente brisera la ligne net, si forte qu'elle soit.

Afin d'éviter cet accident, le pêcheur devra dérouler la ligne si le poisson se sauve, ou s'il est d'un trop grand poids.

En suivant nos conseils, on arrivera sans aucune peine à épuiser et à ramener à la surface une lingue de 30 livres, mais si au contraire on déployait une force brutale, on briserait la ligne, sans aucun doute.

CHAPITRE III

LE MERLAN (*Gadus merlangus*).

Au point de vue alimentaire, le merlan est un poisson bien connu. Il n'a pas les mœurs errantes de la morue; on peut le pêcher pendant une grande partie de l'année.

On le trouve rarement tout près des côtes, car il recherche de préférence les eaux profondes à une distance de un ou deux kilomètres de la terre.

Les saisons les plus propices pour la pêche des merlans sont l'automne et l'hiver, car c'est à ces époques qu'ils s'assemblent en quantité considérable, en un certain point déterminé.

Quand le pêcheur aura découvert ce lieu de rassemblement, il pourra prendre des merlans de toutes tailles, aussi rapidement qu'il pourra faire remonter sa ligne dans le bateau.

Leur avidité est remarquable; c'est certainement un avantage d'employer un grand nombre d'hameçons sur la même ligne, car souvent on prend trois ou quatre poissons à la fois.

Si l'on désire faire la pêche au merlan exclusivement, on pourra réduire la dimension des hameçons et l'épaisseur du bas de ligne.

Le poids du merlan dépasse très rarement 5 livres,
et même des merlans de cette taille sont encore très
rares. Il est donc inutile d'emporter des lignes à morues
ou à merlus qui sont faites pour des poissons de 20 à
30 livres.

Le paternoster répond pleinement à tous les besoins
de ce genre de pêche tant comme ligne, que comme

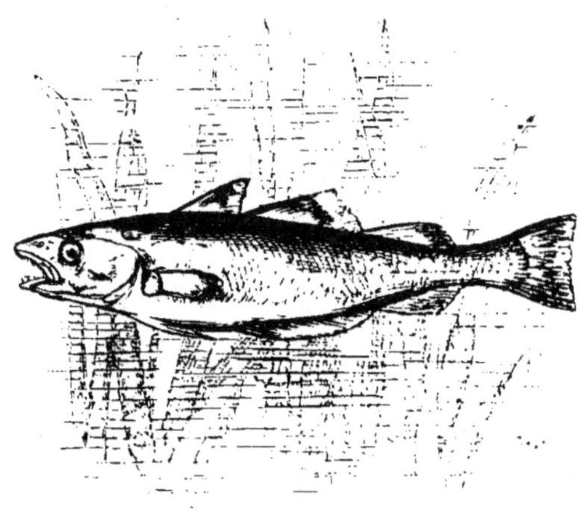

Merlan (*Gadus merlangus*).

hameçons; ces derniers peuvent être montés sur florence
double ou simple.

Presque toutes les amorces sont bonnes pour ce poisson omnivore; les meilleures sont les moules et les
autres coquillages, les vers marins, les crabes, les
sèches et des morceaux de poissons : harengs, sardines,
crevettes, etc.

Le lieu (*Gadus Pollachius*).

Nous avons donné une description détaillée de ce poisson au chapitre IX, dans la partie qui traite de la pêche à la ligne.

Les plus gros se prennent rarement au bord, ils sont plus souvent pris par les pêcheurs en eaux profondes.

Si l'on se trouve dans un bateau à l'ancre, et que l'on se serve de lignes flottantes, la pêche sera abondante, mais il faudra prendre soin d'éviter que le poisson plonge dans les herbes qui couvrent les rochers, sinon ligne et hameçons seraient perdus infailliblement.

Les îles normandes de la Manche et la Bretagne sont renommées pour leurs gros colins, qui fréquentent les côtes rocheuses.

L'églefin (*Eglefinus*).

L'églefin ne se trouve pas souvent dans les eaux françaises.

C'est un poisson des mers du Nord, néanmoins comme on en prend quelquefois dans la Manche, nous lui consacrerons quelques lignes, en passant.

L'églefin et la dorée se disputent tous les deux le titre de *poisson de Saint Pierre*. L'un et l'autre portent sur le côté les traces des doigts de l'apôtre, et cependant ni l'un ni l'autre de ces deux poissons ne se rencontre dans les lacs de Palestine.

Quoique l'églefin ressemble un peu à la morue, on pourra facilement le distinguer de cette dernière par les taches noires qu'il a sur les côtés, et par ses lignes noires latérales.

Les amorces qui lui conviennent le mieux sont les moules et autres coquillages.

Le tacaud (*Gadus lusca*).

Le tacaud est un poisson excessivement commun.

Comme forme, il ressemble assez au merlan, mais sa chair est de beaucoup inférieure.

Son poids ne dépasse guère deux livres, et généralement on le trouve dans les mêmes eaux que le merlan.

Chose digne de remarque chez ce poisson : une fois amené dans le bateau, ses yeux se dilatent et ressemblent à deux bulles d'air.

Ce phénomène est expliqué de différentes façons ; les uns prétendent que la pression de l'eau n'existant plus, la membrane de l'œil est trop délicate pour supporter une dilatation de cet organe ; les autres affirment que ce phénomène est dû à la frayeur qui refoule dans les yeux l'air de la vessie natatoire.

Le tacaud est un poisson vorace, on pourra en prendre de grandes quantités à peu de distance du bord, en été et en automne.

CHAPITRE IV

Poissons plats.

Au point de vue comestible, tous les poissons plats sont très estimés, bien que, comme sport, ils ne soient pas très appréciés par les amateurs. A l'examen de leurs formes extérieures, il est facile de se rendre compte pourquoi ces poissons recherchent de préférence les fonds de sable, et se rencontrent rarement dans les endroits rocheux.

Notons en passant, que la nature a donné aux poissons plats une couleur qui se confond avec celle des fonds où ils se tiennent.

Le turbot, par exemple, qui recherche les fonds de sable, a le dos tiqueté brun, comme les cailloux qui parsèment le gravier, tandis que le dos du flet est noir foncé, comme la vase dans laquelle il se meut.

Il est évident que ces poissons sont incapables de se mouvoir rapidement, et d'entreprendre des migrations lointaines. En réalité, ils sont de mœurs indolentes, restant à moitié enterrés dans le sable, et se déplaçant rarement de quelques mètres, par un mouvement ondulatoire qui leur est particulier.

Le turbot, de l'avis de tous, occupe le premier

rang de cette famille, mais rarement le pêcheur amateur

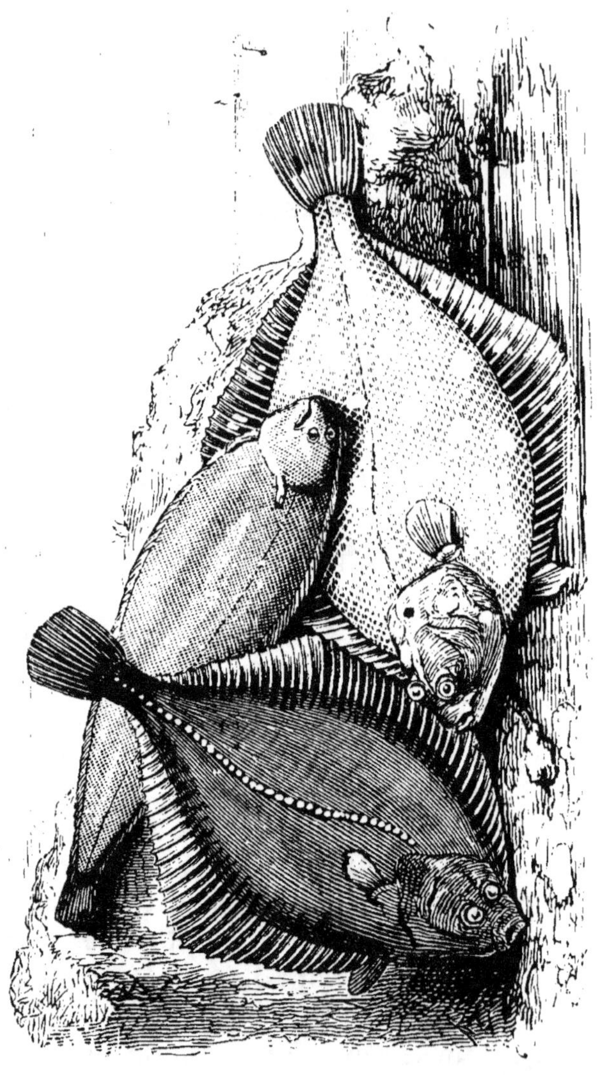

est assez heureux pour capturer une pièce si importante,
à moins qu'il ne s'écarte de la côte d'une dizaine de ki-

lomètres, sur les bancs de sable en eau profonde. C'est là seulement qu'il pourra en trouver en abondance.

Les pêcheurs de profession se servent de longues lignes dormantes ou palangres, munies de milliers d'hameçons et amorcées avec des lançons, des vers ou des coquillages.

Les pêcheurs hollandais de la mer du Nord emploient comme amorce avec grand succès la petite lamproie de rivière, qu'ils achètent aux riverains de la Tamise.

La barbue (*Rhombus vulgaris*).

La barbue, comme poisson comestible, est d'une qualité un peu inférieure au précédent; mais est à peu près de même taille que lui.

On la pêche comme le turbot; on se sert des mêmes lignes et des mêmes amorces. Ces deux poissons atteignent le poids de 20 à 30 livres.

La sole (*Solea vulgaris*).

La sole est encore un des poissons très appréciés par les gourmets.

Ce poisson, si fin, tend à diminuer, car on lui fait une poursuite systématique, et ce n'est que par l'intervention d'une législation protectrice, que l'on parviendra à en empêcher la destruction totale.

La sole se tient toujours dans des endroits tranquilles,

et fréquente de préférence les baies et les estuaires à fond de sable où elle peut trouver un abri.

Elle est souvent victime de la drague ou du chalut des pêcheurs de profession, qui n'hésitent pas à détruire des poissons, qui, en raison de leur petitesse, n'ont aucune valeur marchande.

Les pêcheurs amateurs en prennent quelquefois avec leurs lignes de fond amorcées avec des vers de vase, des crevettes, des petits crustacés et d'autres amorces molles.

Comme la bouche de la sole est comparativement petite, il faudra choisir des hameçons proportionnés ; une empile en florence simple offrira une résistance suffisante. La sole mange avec avidité au moment de la marée montante ; le soir et le matin, de bonne heure, sont les meilleurs moments pour se livrer à cette pêche.

La plie (*Platessa*.

La plie est facilement reconnaissable par les points orange foncé qui parsèment son dos. C'est un poisson assez commun, néanmoins sa chair est passable.

Comme la sole, la plie se trouve sur les fonds de sable et se prend avec les mêmes amorces.

Quand on pêche les poissons plats, il faut toujours se souvenir qu'il est indispensable que le bas de ligne repose sur le fond, car ces poissons, quelle que soit leur faim, ne se meuvent guère de quelques pieds pour l'atteindre.

La limande *Platessa limanda* .

Nous avons déjà donné une description de ce poisson au chapitre XI de la première partie. On la prend généralement avec les lignes à main, dans les eaux peu profondes. en compagnie des plies et des soles.

Le flétan *Hippoglossus vulgaris*).

C'est un poisson des mers du Nord, on le rencontre rarement sur nos côtes. On peut le comparer à un énorme flet; il atteint souvent une longueur de 1$^\mathrm{m}$50 à 2 mètres.

Avec les engins d'amateurs, il y a peu de chance d'en prendre.

La sole jaune *Solea aurantiaca*).

Elle a la même forme que la sole ordinaire, mais comme valeur marchande. elle lui est bien inférieure; sa chair est molle et aqueuse.

On la distinguera facilement de la vraie sole à son dos de nuance claire. parsemé de taches foncées.

CHAPITRE V

LE ROUGET ou GRONDIN (*Triglia*).

Le rouget, quoique considéré comme un poisson vivant près des côtes, est tellement disséminé, que l'on en trouve souvent à une grande distance de la côte.

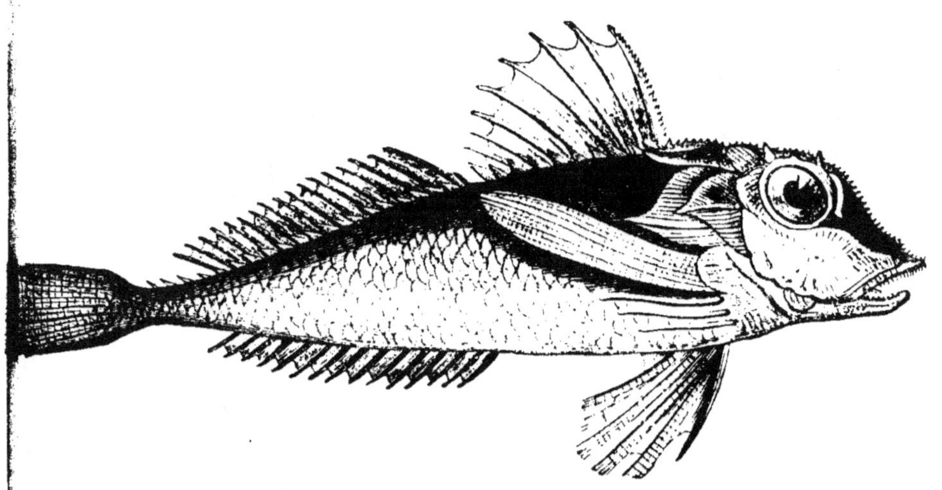

Rouget ou Grondin (*Triglia*).

Il fait partie de la catégorie des poissons qui se tiennent sur les fonds de sable, mais cela n'est vrai que jusqu'à un certain point.

Le rouget, à vrai dire, se tient dans les endroits où

se trouvent en parties égales les fonds de sable, de rochers, et d'herbes marines, qui servent de refuge aux petits crabes, aux anémones, aux vers, etc., etc. avec lesquels il pourra assouvir sa faim.

Il est à remarquer qu'il y a plusieurs espèces de rougets, et que tous peuvent être pris facilement avec des lignes à main.

Le grondin ordinaire pèse rarement plus de deux livres, tandis que le rouget volant (*hirundo*) dépasse souvent dix livres.

Les meilleures amorces sont les morceaux de harengs ou de sardines, les moules, les sèches, le foie de poisson, et les petits crabes.

La brême de mer *(Pagellus centrodontus)*.

PAGEL A DENTS AIGUES ou DORADE.

Pour ne pas sortir du plan que nous nous sommes tracé c'est à dire reconnaitre les mœurs d'un poisson en observant ses formes extérieures, nous continuerons à les diagnostiquer ainsi. Nous pouvons donc conclure promptement, en suivant cette règle, que la brême de mer est, par sa nature, un poisson habitant les endroits rocheux. Elle est excessivement abondante, et partout où la nature des côtes répond à ses goûts, on la trouvera en grande quantité.

Le pagel est un fort beau poisson, quant à son apparence extérieure. Son corps est d'une couleur écarlate, il est couvert de brillantes écailles et de longues nageoires rouges. Il ressemble, pour la forme, à son homonyme d'eau douce, quoique ses deux poissons appartiennent à des familles complètement distinctes.

Le meilleur engin pour cette pêche est le paternoster, qui permet de tenir les amorces près du fond; c'est en effet là que les grandes brèmes de mer vont chercher

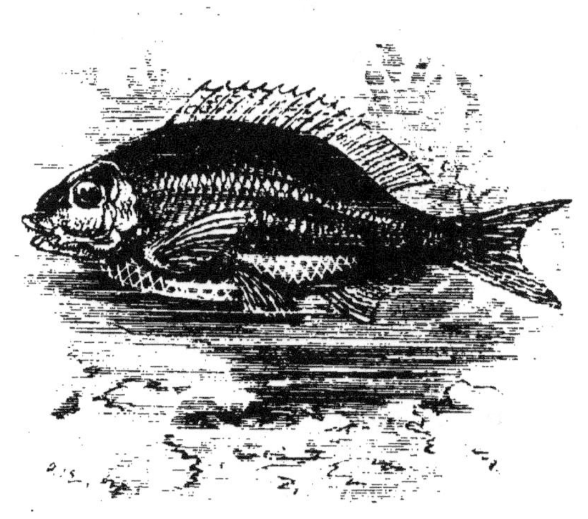

Brême de mer (*Pagellus centrodontus*).

leur nourriture, tandis que l'on peut voir souvent les jeunes se jouer à la surface de l'eau.

C'est un poisson qui vit par bandes, et quand un est pris, quelle que soit sa grandeur, on est certain d'en attraper d'autres.

La petite bouche de ce poisson demande un hameçon correspondant à son exiguité. Comme amorces, on pourra faire un choix dans la liste suivante : moules, vers, équilles, harengs, sardines.

Si par hasard on était complètement dépourvu d'amorces, un morceau de jeune brème les remplacerait parfaitement bien, la plupart des poissons en étant très friands.

La ligne sur laquelle l'hameçon est monté n'a pas besoin de présenter une grande épaisseur, une florence double ou triple sera bien suffisante.

La brème de mer n'est pas très appréciée comme poisson de table, néanmoins elle n'est pas à dédaigner, surtout si elle est accommodée par un habile cuisinier.

CHAPITRE VI

LE CHIEN DE MER *ou* PETITE ROUSSETTE *Scyllium*.
LA RAIE *Raia*.

Ces deux poissons sont bien connus des pêcheurs maritimes. mais il faut dire aussi que leurs visites sont plus désagréables que bien venues.

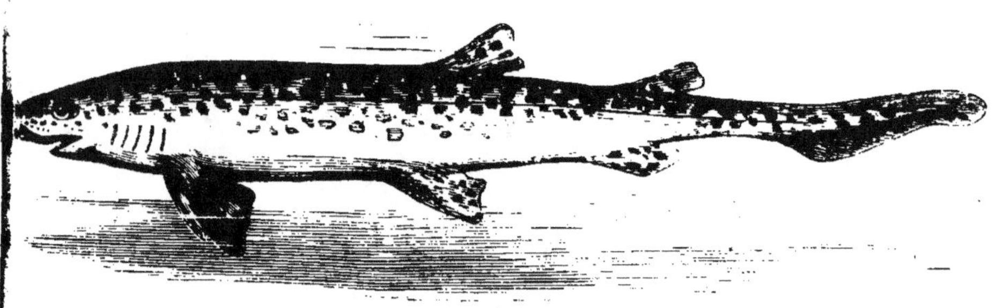

Chien de mer (*Scyllium catulus*).

Ils sont sans valeur comestible; et ceux que l'on prend servent principalement d'amorces pour les tambours à homards et pour les crabes.

Un de leurs nombreux défauts, est le sans-façon avec lequel ils emportent l'amorce et l'hameçon du pêcheur; en moins de rien, avec leurs dents aiguës et nombreuses, ils coupent la ligne.

Il y a plusieurs espèces de chiens de mer, qui toutes présentent des particularités bien caractéristiques.

L'espèce la plus commune est peut-être l'aiguillat Squalus acanthias), dont le nom fait penser à la formidable épine dorsale dont il est armé. Il a encore le pouvoir, une fois dans la main du pêcheur, de se retourner brusquement, et de lui faire subir une cruelle blessure.

L'aiguillat est de couleur rose foncé, avec quelquefois une teinte grise sur le dos.

Aiguillat (*Squalus acanthias*).

En pêchant en bateau, on prend parfois un autre genre de poisson nommé petite roussette ou chat rochier (*Squalus canicula*,, ou bien encore chien de mer tacheté. Ce poisson est facilement reconnaissable à sa moucheture qui rappelle celle du léopard. Il offre encore ceci de remarquable, c'est qu'il est pourvu d'une paupière, qui lui permet de fermer l'œil à volonté.

La taille de ces chiens de mer varie de 1 à 6 pieds, mais il est rare que l'on puisse en prendre d'aussi grands, à cause de la rapidité avec laquelle ils coupent les lignes. Dès qu'un chien de mer est amené dans le bateau. il faut l'empêcher de blesser avec ses épines dorsales ; pour cela, le meilleur moyen est de lui donner un violent coup derrière les nageoires ventrales, ou près de l'extrémité caudale.

Les raies.

Les raies cherchent presque toutes leur nourriture pendant la nuit. C'est pour cette raison que le pêcheur amateur en prend rarement.

Raie (*Raia*).

Elles ont la forme d'un cerf-volant ; et atteignent souvent une taille considérable, même dans le voisinage des côtes.

Un coup d'œil montrera la parenté qui existe entre le requin et la raie.

Représentez-vous un chien de mer avec les nageoires pectorales excessivement développées, le corps déprimé, la queue allant en diminuant, et vous aurez la raie.

Quand une raie est prise à l'hameçon, elle déploie tous

ses efforts pour présenter toute la surface de son corps et former ainsi un angle droit avec le sens de la traction. De cette façon, sa plus grande surface formant résistance dans l'eau, il lui est possible de lutter pendant un certain temps contre les efforts du pêcheur. Néanmoins quand sa tête est tournée vers le haut, on peut la prendre sans difficulté, et il faut alors se hâter de l'amener promptement à portée de la gaffe.

Les chiens de mer, aussi bien que les raies, se pêchent avec n'importe quelle amorce; il est donc inutile de dresser une liste de ces amorces.

Si le pêcheur vient à perdre par hasard ligne et hameçons, qu'il n'en prenne point trop de souci et qu'il supporte avec patience ces légers accidents.

CHAPITRE VII

Le congre est le plus important sujet de la famille
des anguilles de mer, et, comme on le trouve en abondance sur toutes les côtes, l'amateur de pêche maritime
est exposé à en prendre souvent.

Ce poisson, bien qu'habitant les rochers, est d'un
naturel migrateur, et souvent s'égare par-dessus les
bancs de sable, ou monte dans les criques boueuses et
dans les estuaires.

On remarquera que ceux pris dans les rochers sont
d'une couleur noire, tandis que que ceux qui vivent
sur les fonds de sable sont d'une teinte plus claire, va-
riant du gris bleu au rose sale.

Un des signes caractéristiques du congre consiste en
la faculté remarquable qu'il possède de s'enrouler par
un mouvement giratoire rapide, lorsqu'il est saisi par
la tête.

Pris, et déposé dans le bateau, il commence aussitôt à
se tortiller, et, si on ne lui retire pas l'hameçon de suite,
il s'enroule autour de la ligne, que l'on peut considérer
dès lors comme presque perdue.

Le pêcheur devra faire bien attention, lorsqu'il aura
pris un gros congre, de ne pas se laisser saisir le doigt
en lui retirant l'hameçon. — Car le congre userait de sa

faculté giratoire, et enlèverait de suite la chair du doigt engagé.

En outre, il sera bon de munir la ligne d'un fort émerillon, qui devra être attaché à 0,30 centimètres de l'hameçon.

Les dents du congre sont grandes, pointues et nombreuses; on devra donc garantir la ligne, à partir de

Congre (*Murœna Conger*).

l'hameçon. Quelques personnes se servent de fil de cuivre, mais les pêcheurs de profession préfèrent une substance molle, dans laquelle le congre puisse enfoncer ses dents, sans endommager la ligne.

L'hameçon doit être très solide, car la force des mâchoires du poisson est énorme, et si le métal n'est pas d'une bonne trempe, il sera certainement brisé.

On peut pêcher le congre à n'importe quelle heure de la journée, toutefois ce n'est que vers le soir que les gros cherchent leur nourriture.

Si le pêcheur est assez courageux pour s'aventurer dans la nuit, il en sera récompensé par un plein bateau de poisson.

On ne devra pas oublier que le congre atteint de grandes dimensions, aussi la prise d'un poisson de 6 à 7 pieds n'est-elle pas chose rare. — La capture d'une anguille de cette taille, même dans le fond d'un bateau, présente souvent de sérieuses difficultés.

La queue est la partie du corps la plus vulnérable du congre; pour s'en rendre immédiatement maître, on devra le frapper avec un bâton, juste derrière le ventre.

Si la pêche se fait de nuit, on devra choisir la ligne avec beaucoup de soins. — Elle devra être à la fois fine et résistante, car le congre est méfiant.

En ce qui concerne les amorces, les meilleures sont les morceaux de sèche, que l'on amollira au moyen d'un maillet, des moitiés de harengs, des sardines, ou des jeunes dorades.

Lorsque l'on se servira de poissons comme amorces, on devra s'arranger de manière que la partie présentée au congre soit la plus molle.

Nous supposons que le pêcheur s'est muni d'une forte ligne, d'un plomb de sonde *ad hoc*, d'une empile ayant 6 pieds de long, terminée par un fort hameçon, bien protégé. — Il prendra alors un hareng frais, enlèvera la tête et la nageoire caudale, coupera le hareng en deux, dans le sens de la longueur, et retirera l'épine dorsale jusqu'à un centimètre de la queue. — Il prendra les deux morceaux de manière que la queue soit en l'air et les écailles les unes contre les autres, il fera passer l'hameçon dans l'extrémité, puis une seconde fois, de manière que les deux moitiés soient traversées deux fois.

Par ce moyen, le congre mordra d'abord l'intérieur du poisson qui est plus à son goût que l'extérieur qui est couvert d'écailles. Le pêcheur s'apercevra, du bateau, de la touche du congre, à une légère secousse donnée à la ligne. Il devra à l'instant même dérouler sa ligne, car le congre s'éloigne invariablement de deux mètres environ, avant d'avaler. — Si le poisson trouve la moindre résistance, il abandonnera immédiatement l'amorce, qu'il aura dans la bouche.

En moins d'une minute, on ressentira quelques violentes secousses, et on devra s'empresser de ferrer promptement.

C'est à ce moment, si le congre est de forte taille, que l'on éprouvera une certaine émotion, car, dès qu'il sentira que l'hameçon lui est entré dans la gueule, son premier mouvement sera de s'enrouler à n'importe quel obstacle, soit un rocher soit un paquet d'herbes. Ce n'est seulement qu'avec de la patience et de l'adresse que l'on parviendra à lui faire lâcher prise, car si l'on employait la force, on obtiendrait comme résultat certain la rupture de l'hameçon ou de la ligne.

Le meilleur moyen consiste à donner à la ligne un mouvement de va-et-vient, comme si l'on sciait; le poisson se fatiguera à la longue, et l'on pourra alors le ramener à la surface.

Une autre difficulté surgit pour amener le congre dans le bateau, car étant donnée la faculté qu'a ce poisson de s'entortiller, la manœuvre de la gaffe est fort difficile.

Il sera donc bon de se faire une gaffe triple, en montant solidement 3 crocs, sur un manche.

Dans les estuaires, où l'eau douce se mêle à l'eau de mer, on prendra souvent à la même place le congre et l'anguille de rivière.

CHAPITRE VIII

A côté des poissons que nous venons d'énumérer, le pêcheur en bateau est appelé à en prendre fréquemment d'autres, lesquels, tout en étant d'une importance moindre, méritent néanmoins quelques mots de description.

La vive *(Trachinus draco)*.

La vive est un petit poisson aux formes gracieuses.

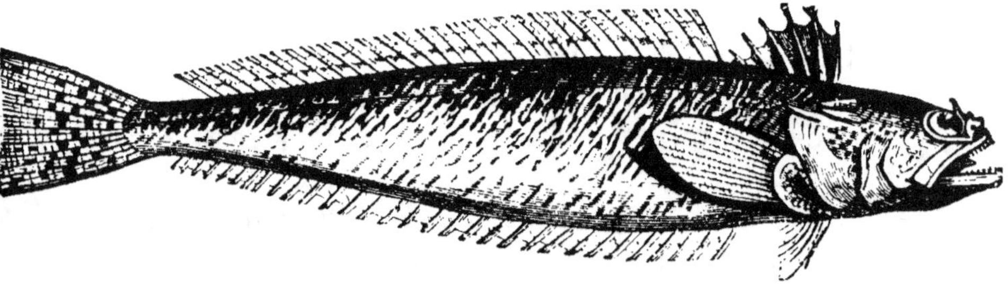

Vive (*Trachinus draco*).

Mais c'est aussi la terreur des pêcheurs, car son dos est armé d'une épine reliée à une glande, qui secrète un violent poison.

Il est presque impossible de saisir ce poisson sans qu'il vous blesse, et par cette blessure le pêcheur est mis tout de suite hors de combat.

A la même famille appartient l'arselin (*Trachinus vipera*) de taille inférieure à celle de la vive. L'arselin séjourne dans les endroits peu profonds, à moitié enseveli dans le sable, et l'épine toujours en l'air. Souvent il blesse grièvement le baigneur qui met les pieds dessus.

Le surmulet *(Muletus Surmuletus)*.

Les pêcheurs maritimes le prennent parfois avec des hameçons fins et de petites amorces.

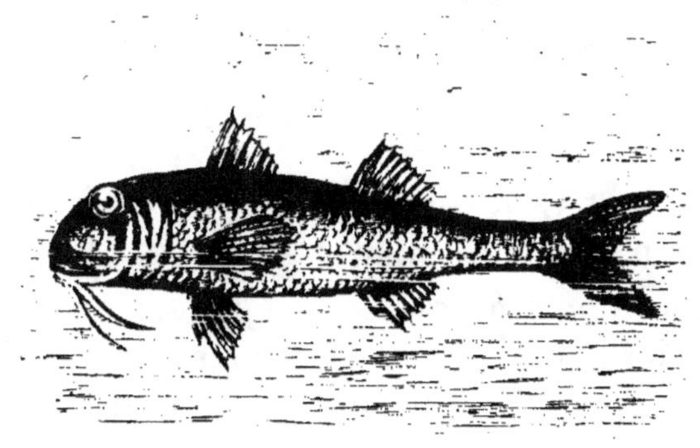

Surmulet (*Muletus Surmuletus*).

Son aspect extérieur est bien connu des gourmets; il présente beaucoup d'analogie avec le grondin, bien que, comme poisson. il soit d'une qualité supérieure.

Le surmulet se prend généralement au tramail, mais on pourra également le pêcher à la ligne, avec un hameçon garni d'une néréïde ou d'un arénicole.

Le calmar *ou* encornet (*Loligo Vulgaris*). — La sèche (*Sepia officinalis*).

Il arrive parfois qu'on trouve l'un ou l'autre de ces 2 poissons attaché à l'amorce, qu'ils parviennent à détacher par succion, sans se prendre à l'hameçon.

Ces deux mollusques sont d'excellentes amorces pour

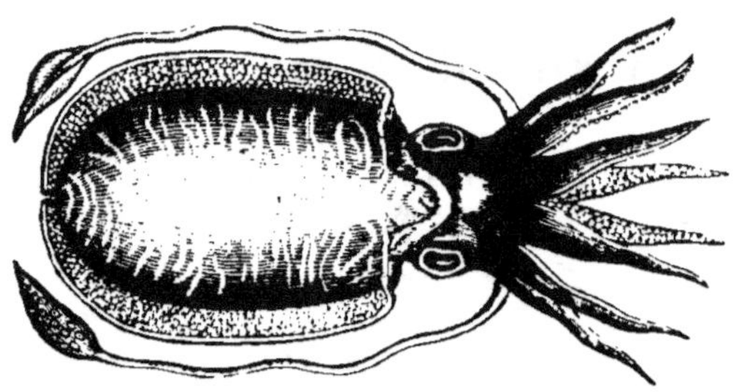

Seiche (*Sepia officinalis*).

les autres poissons, et si on peut en prendre à la ligne, il faudra lever doucement la ligne jusqu'à ce que l'on puisse les amener à portée de la gaffe. Le calmar se pêche couramment en Espagne et sur les côtes de la Méditerrannée. L'appareil dont on se sert pour le pêcher consiste en une demi-douzaine d'hameçons placés dos à dos, et fixés par une soudure au plomb ; le tout est entortillé dans de la laine de couleur voyante.

Cet appareil est destiné à entrer dans les crevasses des rochers ou dans les fonds de sable. Si des calmars ou des sèches sont dans les parages, ils seront attirés par l'éclat de la couleur, et saisiront les hameçons avec leurs tentacules.

Plus les hameçons sont nombreux, plus les chances de réussite sont grandes.

L'intérieur de la sèche renferme un os particulier qui ressemble exactement à une plume. La sèche porte en outre à l'intérieur une bourse remplie d'une substance noire comme de l'encre; c'est pour cette raison que dans beaucoup de pays. on la nomme le « poisson à encre et à plume ».

Le saurel (*Caranx*).

Ce petit poisson se rencontre en compagnie des ha-

Saurel (*Caranx*).

rengs et des sardines; il a peu de valeur commerciale, et il n'existe aucune manière particulière de le pêcher.

La baudroie *Lophius piscatorius*.

La baudroie est très rarement pêchée par les amateurs.

Baudroie (*Lophius piscatorius*).

Elle est d'un aspect formidable, et pèse jusqu'à 100 kilos. On dit qu'elle se sert des appendices qu'elle porte sur sa tête, pour attirer les petits poissons qu'elle engouffre par une rapide projection de la mâchoire.

TROISIÈME PARTIE

CHAPITRE PREMIER

DIVERSES MÉTHODES DE PÊCHE EN MER : LIGNES DE FOND.
LIGNES A SOUTENIR, CORDEAUX, PALANGRES. ETC.

Ce genre de pêche offre aux amateurs de lignes fixes un amusement varié.

Ces engins peuvent être employés soit au fond de la mer, soit entre deux eaux, ou bien encore à une profondeur de cinquante mètres, ou près du rivage.

Toutefois, les différentes constructions reposent toujours sur les mêmes principes.

Le palangre, ou ligne dormante, consiste simplement en un corps de ligne principal, ayant à peu près cent mètres de long, et auquel est attachée, à tous les deux mètres, une petite ligne terminée par un hameçon.

Cet avançon ne devra pas dépasser une longueur de 15 centimètres, et pour les besoins ordinaires, sa grosseur devra être de la moitié de celle du corps de ligne.

La manière de se servir de cet engin varie selon l'endroit où l'on se trouve.

Si l'on pêche près du bord, il suffit de mettre à l'une des extrémités de la ligne un poids de deux kilos environ et de le déposer dans la mer; l'autre bout de la ligne sera attaché à un pieu fiché en terre.

D'un autre côté, si l'on voulait amener la ligne à une certaine distance du bord, on devra se servir d'un bateau.

Dans ce cas, il est nécessaire que la ligne soit munie de poids aux deux extrémités, et qu'une ligne supplémentaire soit raccordée à une bouée en liège, flottant à la surface.

Quand la ligne est posée, l'usage est de la laisser immergée pendant sept ou huit heures; après ce laps de temps, elle est remontée; on en détache les poissons, puis on renouvelle les amorces.

La pose de cette ligne en eau profonde demande une grande habileté de la part du pêcheur; si la ligne s'embrouille, il faut abandonner tout espoir de la remettre en état.

Afin d'éviter ce désagrément, et pour que cet inconvénient ne se produise pas au moment critique, on devra préparer la ligne à terre.

Le meilleur moyen est de « lover » la ligne, dans un baquet ou dans un panier, les hameçons au centre, puis on amorce ces hameçons au fur et à mesure qu'ils arrivent dans la main.

Ceci fait, on place le récipient à bord d'un bateau qui est amené à l'endroit que l'on aura choisi.

Arrivé à cet endroit, on jette dans l'eau la partie por-

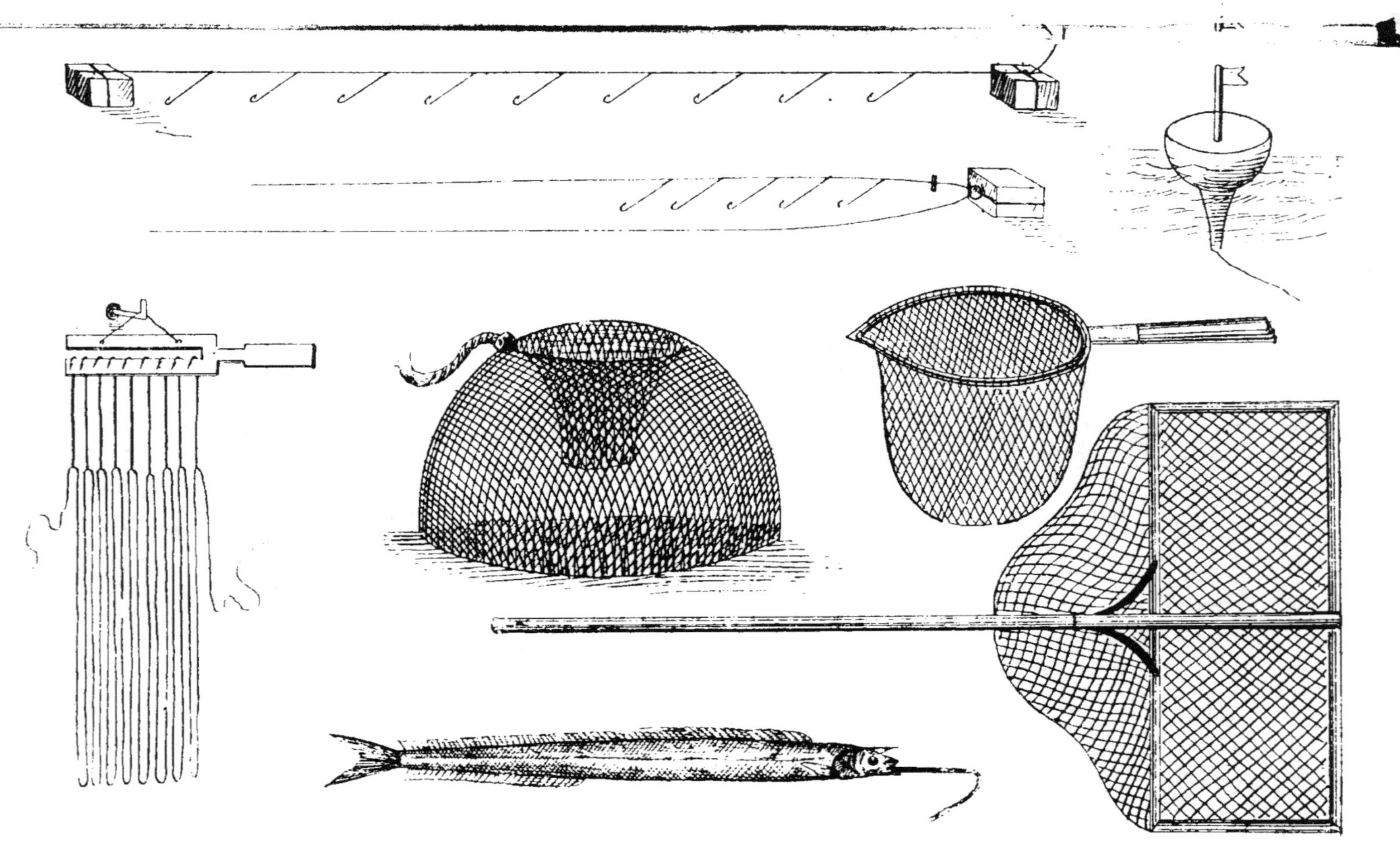

Différentes méthodes de pêche en mer.

tant le plomb et, lorsque l'on sent que le plomb a touché le fond, on laisse le bateau aller à la dérive.

Avant de descendre le second plomb, on fixera le bout de la ligne à la bouée, car elle seule formera une communication entre la ligne et la surface de l'eau.

Ces longues lignes seront amorcées selon la nature du fond, et le genre de poisson que l'on pense y trouver.

Dans les fonds sablonneux, où les poissons plats abondent, les meilleures amorces sont les grosses arénicoles ; dans les cas où elles viendraient à faire défaut, on peut les remplacer par les moules et autres coquillages.

Rien n'est meilleur que le lançon, mort ou vivant, pour pêcher dans les estuaires, où les bars et les colins entrent et sortent avec la marée.

Si l'on pêche aux cordeaux dans les endroits rocheux, ou dans les eaux profondes, les poissons que l'on y trouvera généralement sont : les congres, les raies, les colins et les morues.

Les meilleures amorces pour cette catégorie de poissons sont le calmar (ou encornet), la sardine et le maquereau : le premier surtout est excellent pour le congre, eu égard à sa chair molle.

Après un laps de six heures, soit une marée, la ligne sera remontée, et l'on verra ce qui y est accroché.

Avec un bateau, on se rendra à l'endroit où la bouée flotte, et, muni d'une gaffe ou d'un croc, on la saisira, puis, une fois que le premier plomb sera remonté, la ligne sera lovée dans le baquet ou le panier qui a servi à la transporter.

A mesure que les hameçons passent, le poisson est détaché, les amorces renouvelées : la ligne alors est prête à servir de nouveau.

Il existe une autre ligne que l'on nomme palangre

à flotteurs, et dont la disposition est un peu différente de celle qui vient d'être décrite.

Comme son nom l'indique, elle est pareille à la première, sauf qu'au lieu d'être au fond de l'eau, elle flotte entre deux eaux.

Pour arriver à ce résultat, on placera des flotteurs en liège à l'endroit où le bas de ligne est raccordé à la ligne principale.

En plus de la sonde et de la bouée, qui sont à chaque extrémité, il est nécessaire d'ajouter une ou deux bouées et des plombs de sondes supplémentaires, afin que l'appareil se maintienne dans une bonne position.

Comme on le voit, toutes ces additions compliquent cet engin et augmentent les difficultés du maniement, en même temps qu'elles rendent le succès plus difficile.

Avec cet engin on prendra les poissons de surface comme les bars, les colins, les maquereaux ; et les amorces seront hors de l'atteinte des crabes.

CHAPITRE II

Il arrive souvent que le mauvais temps, ou toute autre cause s'opposent à ce que le pêcheur prenne un bateau ; il pourra mettre à profit ce contre-temps, pour se placer au bord de l'eau, et se servir des lignes dont nous nous sommes occupés dans le chapitre précédent.

Un grand nombre d'hameçons n'est pas nécessaire, une demi-douzaine suffira amplement pour la ligne.

A cet effet, le corps de ligne sera de grosseur moyenne, et, pour la monture des hameçons. une florence triple répondra à tous les besoins. La ligne portera à son extrémité un plomb d'un kilo environ, ou plus, selon la force de la marée.

La première difficulté que le pêcheur aura à surmonter sera le jet de la ligne et des hameçons, à une distance convenable, de l'endroit où il se trouvera.

Selon les circonstances. il pourra le faire de différentes manières.

1° En lançant la ligne avec la main.

Il saisira le plomb avec la main, et, en déployant une certaine force, il pourra l'envoyer à une distance de 5o mètres environ. Ceci se fait aisément à l'aide d'un petit appareil composé d'un bouton, et d'une baguette en forme de fourche.

Le bouton est relié au plomb au moyen d'une corde ayant un pied de long, et il est placé dans la partie fourchue de la baguette ; en le lançant avec adresse, à la volée, on arrive à doubler la distance.

La baguette, bien entendu, reste dans la main du pêcheur, tandis que le bouton et le plomb sont projetés dans l'eau.

2" Au moyen d'une ligne secondaire passant au travers d'un anneau fixé à un pieu, ou à une pierre déposée dans l'eau ; cette disposition demande un arrangement préalable.

A marée basse, ou au moyen d'un bateau, on portera une grosse pierre dans l'endroit que l'on aura choisi. A cette pierre est attaché un anneau ou une poulie. La ligne supplémentaire devra passer dans l'anneau ou dans la poulie, et être raccordée aux deux extrémités de la ligne à pêcher. Elle formera ainsi un circuit complet, ou va-et-vient.

Quand un poisson est pris à l'hameçon, on l'amène à terre par la voie ordinaire, c'est-à-dire en tirant sur la ligne à pêcher. Si au contraire, on veut mettre à l'eau la ligne à pêcher, le mouvement se fera en sens inverse, l'immersion se produira au moyen de la ligne supplémentaire.

Il est utile de faire observer que la ligne à « hâler » ou ligne supplémentaire, doit avoir le double de longueur de la ligne à pêcher ; il faudra également avoir soin de maintenir les deux lignes séparées, afin d'éviter qu'elles ne s'embrouillent.

3º Quand le vent souffle de terre, on peut faire remorquer la ligne à pêcher par une bouteille surmontée d'une voile.

On prendra une bouteille sans bouchon, que l'on

remplira à moitié d'eau l'on y fixera une voile, puis lorsque cette bouteille sera arrivée à la distance voulue, on imprimera quelques secousses à la corde.

Par ce moyen, la bouteille se remplira d'eau, et enfoncera.

Cette manœuvre, difficile à exécuter, donne des résultats très incertains, car la voile se déchire sur les rochers, et la bouteille s'enfonce souvent dans l'eau près du bord, avant de remplir le but que l'on se proposait.

Les lignes de fond, et en général toutes les lignes qui ont des hameçons suspendus, sont très sujettes à s'embrouiller, quand on ne s'en sert pas souvent.

Le meilleur moyen de les avoir toujours en bon état, est de prendre un morceau de bois d'un pied de long environ, de le fendre à peu près sur deux tiers de sa longueur, afin d'obtenir deux branches, disposées comme celles d'un diapason.

Chaque hameçon sera placé à son tour sur l'une des dents, la ligne alors pendra en plis naturels.

Avec ce genre de ligne, et par le mauvais temps, on prendra beaucoup de bons poissons, soit du bord de la rive, soit du haut des rochers, ou d'une jetée.

C'est à ce moment que, entraînés par l'eau agitée, les grosses morues, les bars et les rougets, s'approchent du rivage, à la recherche de leur nourriture.

Les meilleures amorces pour ce genre de pêche sont le hareng, la sardine, les lançons et les vers de toutes sortes.

CHAPITRE III

LE HOMARD (*Astacus gammarus*). — LA LANGOUSTE (*Palinurus locusta*). — LE CRABE (*Cancer pagurus*). — LA CREVETTE (*Palæmon serratus*). — LA CHEVRETTE (*Crangon vulgaris*).

Ces crustacés méritent de fixer un instant l'attention du pêcheur maritime, car, quelle que soit leur taille, ils sont tous de bonne prise.

Tout le monde connaît l'uniforme bleu noirâtre du homard et celui plus clair de son congénère, la langouste.

Les pêcheurs de profession les prennent, ainsi que les crabes dans des casiers ou tambours. Ces pièges sont en général trop volumineux et trop embarrassants pour des amateurs; néanmoins, l'armement d'un yacht ne serait pas considéré comme complet, s'il n'y avait pas à bord quelques casiers à homards, avec tous les derniers perfectionnements.

C'est l'osier qui sert habituellement à la confection de ces casiers, mais on en fait quelquefois aussi en fil de fer galvanisé.

Leur forme est bien connue, c'est celle d'un tambour avec un trou dans le milieu; cette ouverture a la forme d'un goulot de bouteille renversé.

Ces casiers sont amorcés avec du poisson gâté pour

les homards, et du poisson frais et sanguinolent, pour les crabes.

Ils sont lestés avec des pierres, puis descendus sur des grands fonds dans le voisinage des rochers, à l'aide d'une corde portant une bouée qui permet de les retrouver.

Les casiers sont relevés à des heures fixes, débarrassés

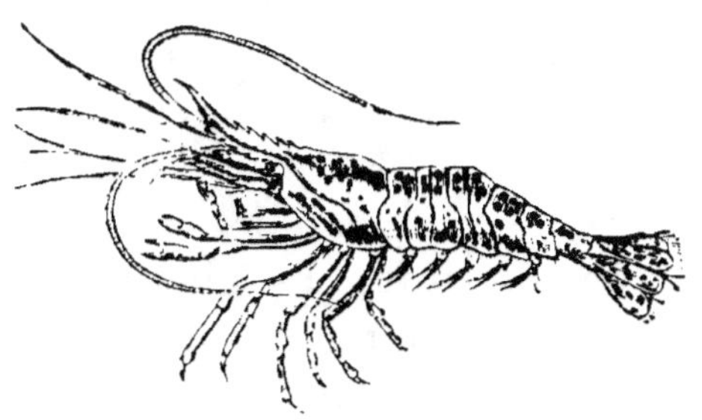

Crevette (*Palæmon serratus*).

des crabes et des homards puis les amorces sont renouvelées.

Souvent on y trouve en même temps des sèches, des bars, des congres.

Quand la marée basse laisse les rochers à découvert, beaucoup de pêcheurs armés de longues gaffes ou crocs, se rendent le long des grèves, et retirent des trous et des crevasses les homards, les crabes et les congres qui y sont cachés.

Ce genre de pêche demande une certaine habitude pour reconnaître la présence du poisson, et un peu de pratique, pour le sortir de l'eau sans l'abîmer.

Les crevettes sont péchées avec un filet, dans les flaques d'eau, au moment où la mer se retire. Elles se cachent sous les algues qui bordent ces flaques. Le filet dont on se sert doit être lourd et solide. La forme en

cuillère est la meilleure, avec une garniture métallique
(en fil de fer galvanisé) et des mailles de petites dimensions ; le manche doit avoir six pieds de long.

La crevette grise (ou chevrette) élit son domicile dans
le sable, elle est abondante sur presque toutes les côtes.
Le filet dont on se sert pour la prendre est très différent
de celui dont on se sert pour la crevette rose ou bouquet.
— (Notons en passant que le nom scientifique de cette
dernière est « palémon porte-scie, » tandis que la première se nomme « le cragnon vulgaire. »)

Le filet à chevrettes est suspendu à un cadre en bois
et emmanché à une forte perche.

A la marée descendante, le pêcheur entre dans l'eau.
et pousse devant lui son filet dans le sable. Dès qu'il
approche. les chevrettes, qui sont dans leurs trous. se
sentent dérangées ; elles se sauvent en sautant, tombent
dans le filet du pêcheur qui n'a plus qu'à le relever et à
le vider. c'est l'affaire de toutes les deux ou trois minutes.

Les chevrettes et les crevettes se pêchent encore avec
un filet spécial. dont le centre est garni d'une touffe de
laine rouge. Ce filet est descendu du haut d'une jetée,
puis il est laissé dans le fond pendant quelques minutes.
Les crevettes se rassemblent pour examiner la laine
rouge, on relève le filet rapidement, et elles sont prises.

Si un crabe s'est saisi d'un doigt du pêcheur, une
bonne manière de s'en défaire est de chatouiller la pince
du crabe avec un bâton de fer.

CHAPITRE IV

N° 1. — **Le lançon** ou **équille** (*Ammodytes tobianus*), mort ou vivant, occupe le premier rang, pour la pêche en mer.

Quand on l'emploie vivant, on lui passe un fort hameçon à travers l'ouïe ; il constitue alors un attrait sans égal pour les bars, les colins et autres grands poissons.

Mort, il est bon pour tous les poissons de mer ; on peut, par économie, le couper en deux.

Le lançon se pêche avec un filet spécial ou senne à petites mailles. A marée basse, il se réfugie dans le sable, mais, avec un croc ou une serpette, on l'extrait de sa cachette.

N° 2. — **La sardine** (*Clupea sardina*) vient ensuite,

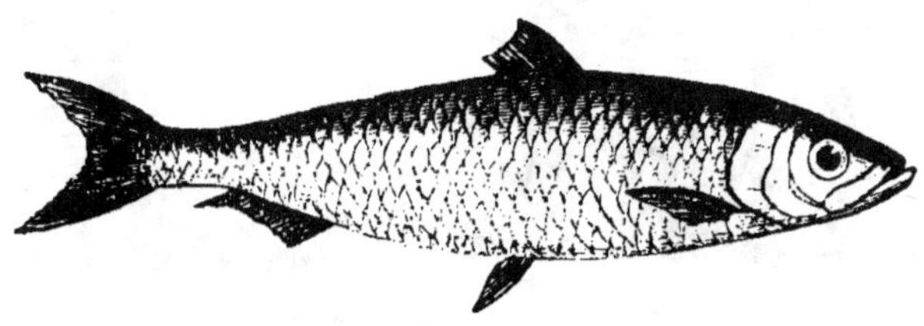

Sardine (*clupea sardina*).

au second rang ; elle possède la qualité particulière d'exuder une huile, dont les poissons sont très friands. Elle est l'objet d'une pêche spéciale de la part des pro-

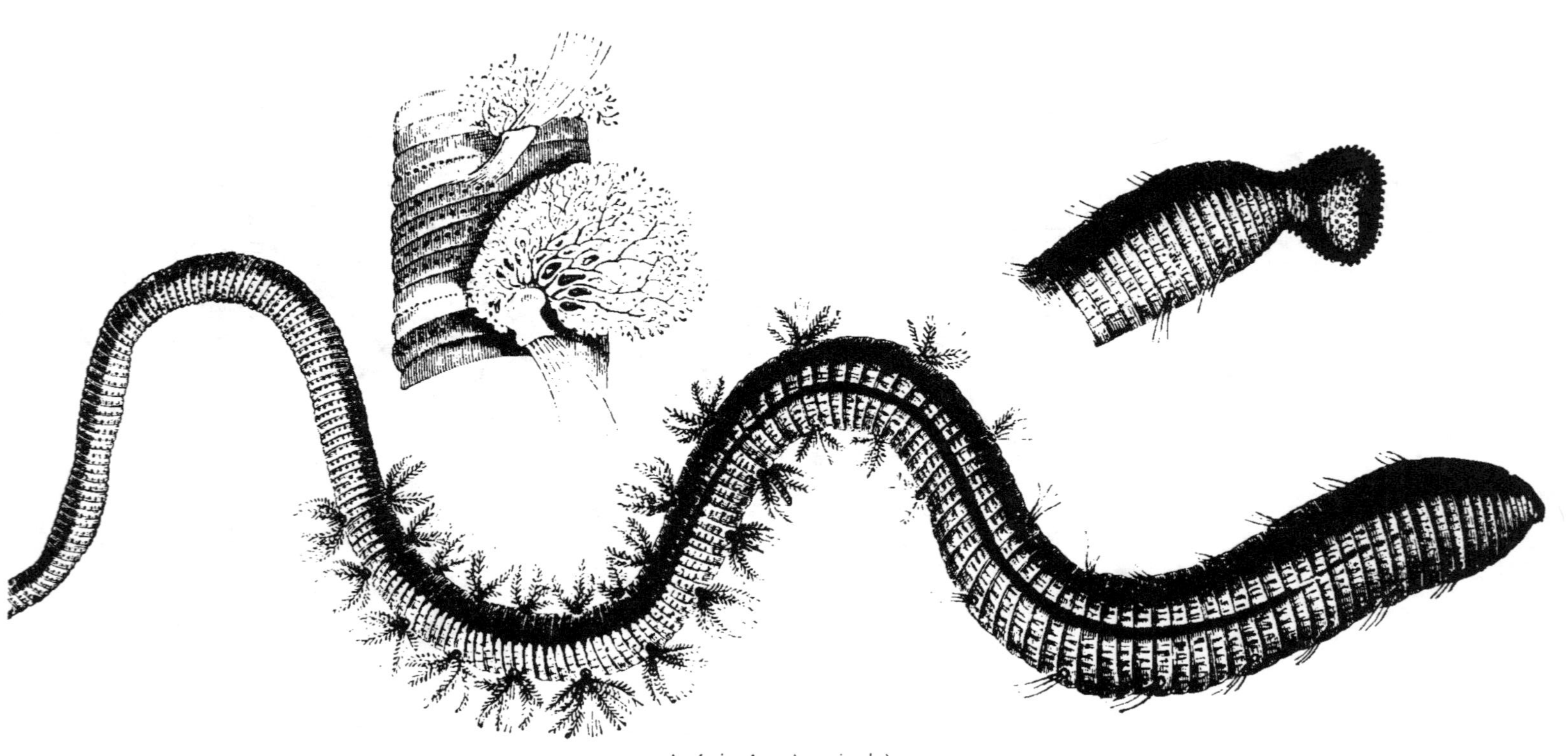

Arénicole (Arenicola).

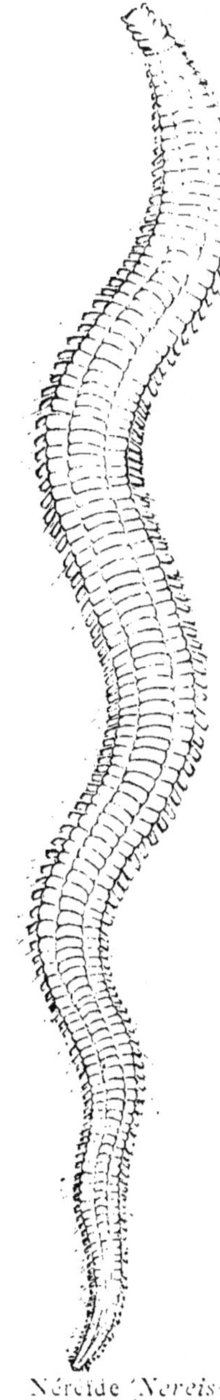

Néréide (*Nereis*).

fessionnels. La sardine constitue une excellente amorce pour tous les poissons de mer.

N° 3. — **Le hareng** (*Clupea harengus*) a presque autant de valeur que la précédente, mais il contient moins d'huile.

N° 4. — **Le maquereau** (*Scomber*) fournit une bonne amorce pour tous les genres de pêches; sa chair est plus ferme et plus résistante que celle de la sardine; il est souvent employé pour les amorces à la traîne.

N° 5. — **Le calmar** ou **encornet** (*Loligo vulgaris*) et **la sèche** (*Sepia officinalis*).

Ces deux céphalopodes forment une série d'amorces à la fois molles et résistantes, qui se conservent longtemps. Ils sont d'une prise difficile; la chance seule peut offrir une occasion d'en trouver.

Excellents pour les bars, les congres et en général tous les poissons.

N° 6. — **L'arénicole** (*Arenicola*). Ce ver, d'un aspect repoussant, sécrète une liqueur jaune qui tache les doigts; il est très apprécié par les poissons plats et par le labre, le mulet, etc. Il se trouve dans la vase des ports et des estuaires.

N° 7. — **Le néréide** (*Nereis*) est reconnaissable à la frange cilée qui borde les deux côtés de son corps.

Il se cache sous les pierres, mais neuf fois sur dix. on le trouvera à l'extrémité de la carapace du Bernard l'Ermite. ou crabe poltron. C'est une bonne amorce pour les petits poissons plats, mulets, éperlans. labres, etc.

N° 8. — **Le crabe vert** *(Carcinus ménas)*. Ce petit crabe est très apprécié par les bars, colins. et en général tous les poissons de mer, à l'époque où il quitte sa carapace et que sa peau devient molle. Dans cet état, il se cache dans les crevasses des rochers, ou sous les pierres.

N° 9. — **Crevettes** et **Chevrettes**. Bonnes pour tous les poissons qui sont près des côtes.

N° 10. — **Foie de raies** et de **chiens de mer**. **entrailles** de **sardines**.

L'huile que contient ces différentes amorces a une grande puissance attractive, mais ces amorces étant d'une nature molle, il est nécessaire de les maintenir sur l'hameçon soit avec un fil de coton soit avec un morceau d'élastique.

N° 11. — **Coquillages**. Les moules, buccins, les lépas ou patelles servent pour les morues, colins, églefins et rougets.

N° 12. — **Le Rason** *(Solen Rason)*. Vit dans le sable. Sa présence est indiquée par un petit trou en forme de trou de serrure. Pour prendre ce singulier coquillage, on devra agir de la manière suivante :

Prenez une pincée de sel de table que vous placerez dans le trou, puis versez-y quelques gouttes d'eau de mer. Tout à coup, le rason croyant à la marée montante, apparaîtra à la surface, et sortira un peu de son trou d'une longueur de un ou deux centimètres, saisissez-le alors vivement, et retirez-le de son trou.

N° 13. — **Asticots**. Bons pour les mulets, harengs

et éperlans. On se servira de petits hameçons pour pêcher près de la surface.

N° 14. — **Côtes de choux bouillis, algues vertes**. Elles peuvent à l'occasion servir pour le mulet.

N° 15. — **Couenne de lard**. En cas de manque total d'amorces, on peut y avoir recours.

N° 16. — La **lamproie** de **rivière** et la **petite anguille** d'eau douce, sont excellentes pour le bar, etc., et la pêche en eau saumâtre, dans les estuaires. Vivantes, elles sont employées avec succès.

N° 17. — **Le Poltron** (*Pagurus Bernardus*), plus connu sous le nom de Bernard l'Ermite, est, quand on peut s'en procurer, une excellente amorce pour tous les genres de pêches.

Pour les petits poissons, on s'en servira sans les pattes et sans les pinces; pour les gros poissons on amorcera avec le crabe entier. Il ne faut pas oublier son parasite, le Néréide qui se loge à l'extrémité de sa coquille.

AMORCES ARTIFICIELLES.

Les variétés que l'on expose chez les marchands d'articles de pêche, sont innombrables. La plupart sont copiées d'après nature, par exemple sur des petits poissons, des mouches, etc.

Ce genre d'amorces doit toujours être en mouvement, qu'on les hale, qu'on les remorque derrière un bateau, ou qu'on les lance du haut d'une jetée, ou d'un rocher.

Elles sont fabriquées avec différentes matières premières : métal poli, gutta-percha, caoutchouc, plume, verre, nacre, peau de poisson, etc.

Les hélices sur lesquelles sont montées ces amorces.
leur impriment un mouvement rotatoire qui les fait
briller, et qui en même temps dissimulent la présence
des hameçons.

Les tubes en caoutchouc naturel ou rouge, sont fort
employés pour imiter l'arénicole et le lançon ; les colins
et les bars en sont très avides.

Dans ces quelques chapitres, nous nous sommes efforcés de donner aux amateurs de pêche, qui vont passer
quelque temps au bord de la mer, un court aperçu des
méthodes qui à l'occasion, pourraient leur être utiles.

Pour des renseignements plus détaillés nous renverrons nos lecteurs aux ouvrages de Karr, Willcocks,
Bickerdyke, et Aflalo.

FIN.

TABLE DES MATIÈRES

PREMIÈRE PARTIE

DEUXIÈME PARTIE

(Pêche en eau profonde.)

TROISIÈME PARTIE

TYPOGRAPHIE FIRMIN-DIDOT ET Cⁱᵉ. — MESNIL (EURE).